DK 677.11.054.13

FORSCHUNGSBERICHTE
DES WIRTSCHAFTS- UND VERKEHRSMINISTERIUMS
NORDRHEIN-WESTFALEN

Herausgegeben von Staatssekretär Prof. Dr. h. c. Leo Brandt

Nr. 494

Dipl.-Ing. Waldemar Rohs
Text.-Ing. Hugo Griese
Techn.-Wissenschaftl. Büro für die Bastfaserindustrie Bielefeld

Entwicklung und Erprobung eines verbesserten elektrischen
Kettfadenwächtergeschirrs für die Leinen- und Halbleinenweberei

Als Manuskript gedruckt

Springer Fachmedien Wiesbaden GmbH

1957

SBN 978-3-663-03621-0   ISBN 978-3-663-04810-7 (eBook)
DOI 10.1007/978-3-663-04810-7

Forschungsberichte des Wirtschafts- und Verkehrsministeriums Nordrhein-Westfalen

Gliederung

- I. Einleitung .... S. 5
- II. Aufgabenstellung .... S. 5
- III. Versuchsplanung und -durchführung .... S. 7
  - 1. Versuchseinrichtungen .... S. 7
    - a) Elektrisches Wächtergeschirr .... S. 7
    - b) Mechanischer Kettfadenwächter .... S. 13
    - c) Teilstäbe .... S. 13
  - 2. Garn- und Gewebedaten .... S. 16
    - a) Baumwollgewebe .... S. 16
    - b) Reinleinengewebe .... S. 17
  - 3. Webversuche .... S. 17
- IV. Versuchsergebnisse .... S. 18
  - 1. Empfindlichkeit der Kettfadenwächter unter Berücksichtigung hoher Luftfeuchtigkeiten .... S. 18
    - a) Mechanischer Lamellenwächter .... S. 18
    - b) Elektrischer Geschirrfadenwächter .... S. 18
  - 2. Webschäfte .... S. 20
  - 3. Reaktionsvermögen der Kettfadenwächter .... S. 21
    - a) Baumwollgarnkette .... S. 21
    - b) Flachsgarnkette .... S. 22
  - 4. Kettfadenbruchhäufigkeit .... S. 24
  - 5. Kettfadenbruchbehebungszeiten .... S. 25
    - a) Baumwollgarnkette .... S. 25
    - b) Flachsgarnkette .... S. 27
  - 6. Aufteilung der Kettfäden .... S. 28
    - a) Baumwollgarnkette .... S. 28
    - b) Flachsgarnkette .... S. 30
  - 7. Beurteilung der Kettfadenwächtereinrichtungen .... S. 37
  - 8. Verbesserungsvorschläge für den elektrischen Geschirrfadenwächter .... S. 39
    - a) Technische Änderungen .... S. 39
    - b) Elektrische Änderungen .... S. 40
    - c) Schaltung der Wächtereinrichtung .... S. 40
- V. Zusammenfassung .... S. 42

Forschungsberichte des Wirtschafts- und Verkehrsministeriums Nordrhein-Westfalen

I. Einleitung

Bereits in einem früheren Bericht des TWB-Bastfaser[1] wurde das Verhalten verschiedener Kettfadenwächter in der Leinenweberei behandelt. Dabei erwies sich, daß insbesondere bei höheren Kettdichten der elektrische Geschirrfadenwächter den mechanischen und elektrischen Lamellenwächtern bei der Erfassung von Fadenbrüchen überlegen ist. Da die Mehrzahl der Fadenbrüche im Bereich des Webgeschirrs auftritt, ist eine Anordnung der Wächtereinrichtung innerhalb des Geschirrs für ihre schnelle und sichere Erfassung unter Ausschaltung von Webnestern gegenüber einer Wächtereinrichtung, die zwischen Streichbaum und Geschirr arbeitet, von Vorteil. Die Benutzung der Weblitzen gleichzeitig als Web- und Wächterelemente schließt eine zusätzliche Scheuerung der Kettfäden, die durch Lamellen bewirkt wird, aus. Zudem entfallen beim elektrischen Wächtergeschirr normalerweise besondere Vorrichtzeiten.

Diese für den elektrischen Geschirrfadenwächter günstigen Feststellungen konnten allerdings erst getroffen werden, nachdem Mängel, die sich bei der elektrischen Kontaktgabe zeigten, wie damals berichtet wurde, durch geeignete Maßnahmen und Änderungen beseitigt worden waren.

Dennoch verblieben auch nach dem vergleichsweise erfolgreichen Abschluß der Versuche gegenüber der eingesetzten Konstruktion in Arbeitsweise und Ausführung Vorbehalte, die es angezeigt erscheinen ließen, die Entwicklungs- und Versuchsarbeiten fortzusetzen, um zu Verbesserungen zu gelangen.

II. Aufgabenstellung

Die Verbesserungsbestrebungen zur Schaffung eines hochreaktionsfähigen Kettfadenwächtergeschirrs für die Leinen- und Halbleinenweberei hatten sich in den folgenden Blickrichtungen zu bewegen.

1. Sicherheit der Kontaktgabe
2. Vermeidung von Fehlabstellungen infolge durchhängender Kettfäden
3. Trennung von Arbeits- und Steuerstromkreis
4. Betriebssicherheit bei hohen Luftfeuchtigkeiten
5. Stabile Ausführung

---

1. Untersuchungsarbeiten zur Verbesserung des Leinenwebstuhles III
   (Das Verhalten verschiedener Kettfadenwächtersysteme),
   Mai 1953

Forschungsberichte des Wirtschafts- und Verkehrsministeriums Nordrhein-Westfalen
___

Hierfür sollten die nachstehenden sachverständigen Vorschläge verwirklicht werden.

Bekanntlich ist der obere Litzentragestab eines Webgeschirrs, das auch die Funktionen eines elektrischen Kettfadenwächters übernimmt, derart ausgebildet, daß er von zwei gegeneinander isolierte Kontaktschienen gebildet wird. Diese Kontaktschienen erhalten Spannung, wenn der Schaft in Tiefstellung ist. Die Abstellung des Webstuhles wird dadurch ausgelöst, daß bei erfolgtem Kettfadenbruch die betreffende Litze bei tiefstehendem Schaft durch den Kettfaden nicht angehoben ist, die Kontaktschienen leitend verbindet und damit einen Betätigungsstromkreis schließt. Die bisher üblichen, seitlich der Webschäfte angeordneten Kontakteinrichtungen zur Herstellung der leitenden Verbindung zwischen Spannungsquelle und den Kontaktschienen bei Tiefstellung gaben zu häufigen Störungen Anlaß und hatten einen großen Verschleiß aufzuweisen. Sie sollten durch flexible Bandkabel, wie sie bei derartigen Geschirrfadenwächtern an Jutewebstühlen vorteilhaft in Anwendung sind, ersetzt werden. Dafür, daß zwischen den Kontaktschienen nur bei Schafttiefstand Spannung vorhanden ist, sorgt ein zweckentsprechend gesteuerter Wellenschalter (Leinwandbindung) bzw. Nockenkollektor (andere Bindungen). Ein Wellenschalter war auch bei dem früher erprobten Geschirrfadenwächter vorhanden, doch wird ihm bei der neuen Ausführung eine zusätzliche Funktion übertragen.

Um ungewollte Webstuhlabstellungen zu vermeiden, sollte das freie Spiel der Litzen auf den Litzentragestäben durch geeignete Ausführung der Endösen vergrößert werden, damit gelegentlich schwach durchhängende Kettfäden eine Behinderung des Webvorganges nicht verursachen. Im übrigen sollten an Stelle der sonst üblichen Stahldrahtlitzen Flachstahllitzen verwendet werden, die eine für die Kontaktgabe günstige Ausbildung der oberen Endösen erhielten.

Um einerseits eine sichere Abstellung des Webstuhles bei Kettfadenbruch zu gewährleisten und andererseits hohe Stromstärken an den Kontaktschienen zu vermeiden, schien es zweckmäßig, durch Zwischenschaltung eines Relais Arbeits- und Steuerstromkreis zu trennen. Für die neue Anordnung wurde eine Spannung im Steuerstromkreis von 24 Volt und im Arbeitsstromkreis von 220 Volt vorgesehen. Die nunmehr lediglich zur Betätigung des Relais notwendige, auch bei der niedrigen Spannung geringe Stromstärke im Steuerstromkreis trägt zur funkenfreien Arbeitsweise der Einrichtung der höheren

Sicherheit gegen Brandgefahr und zur Verhinderung von Kraterbildung und Korrosion auf den Kontaktschienen bei. Die Trennung vom Steuerstromkreis erlaubt die Erhöhung der Leistung des im Arbeitsstromkreis eingeschalteten Abstellmagneten zwecks sicherer Stillsetzung des Webstuhles bei Kettfadenbruch. Die erhöhte Spannung ermöglicht zudem die dabei auftretende Stromstärke in Grenzen zu halten.

Es wurde, um die Betriebssicherheit des elektrischen Geschirrfadenwächters einer gründlichen Prüfung zu unterziehen, für die Versuchsdurchführung ein Webereibetrieb vorgeschlagen, der bei hoher relativer Luftfeuchtigkeit arbeitet. Dies bedingte die Forderung nach einem hohen Isolationswiderstand zwischen den Kontaktschienen, während bei dem Material der Kontaktschienen selbst mit Rücksicht auf bei Temperaturschwankungen mögliche Feuchtigkeitsniederschläge hohe Sicherheit gegen Korrosion bzw. Korrosionsbeschlag anzustreben war.

Schließlich wurde eine Verstärkung des gesamten Webrahmens gefordert, damit ein Durchhängen des Geschirrs auch bei großen Webbreiten mit Sicherheit verhindert wird.

Das Arbeiten mit einem elektrischen Kettfadenwächtergeschirr, also ohne die sonst üblichen, die Kettfäden trennenden Wächterlamellen setzt die Verwendung von Teilstäben voraus, damit die einzelnen Fäden dem Geschirr geordnet und geteilt zugeführt werden. Es gehört deshalb zur Prüfung des Wächtergeschirrs, auch die Erprobung der Teilstabanordnung, die für die Fadenaufteilungen im Verhältnis 1:1 und 2:2 vorgesehen wurde.

In die Untersuchungen sollten Leinen- und Baumwollketten einbezogen werden.

III. Versuchsplanung und -durchführung

1. Versuchseinrichtungen

a) Elektrisches Wächtergeschirr

Für die Untersuchungen wurde die nachstehend beschriebene, nach den im vorausgegangenen Abschnitt genannten Gesichtspunkten verbesserte Wächtereinrichtung eingesetzt. Als Schaftrahmen wurde auf Grund der in Betracht kommenden Länge von 2000 mm nicht die übliche, bei größeren Webbreiten leicht zum Durchbiegen neigende Holzkonstruktion gewählt, sondern es wurden stabile 55 x 15 mm starke Hohlstahllängsprofile vorgesehen, die mit

38 x 20 mm starken Hohlseitenstützen verschweißt wurden. Der obere Litzentragestab besteht, wie bereits beschrieben, aus einem Kontaktschienenpaar. Die Litzenträgerschienen sind in die Stahlquerstützen des Schaftrahmens zur Aufreihung der Litzen auswechselbar eingelassen, bei den Kontaktschienen unter Beachtung der notwendigen Isolation. Die oberen Endösen der 330 mm langen Flachstahlwächterlitzen sind mit einer Abschrägung versehen, damit bei Kettfadenbruch eine sichere Kontaktgabe zwischen den Kontaktschienen hervorgerufen wird. Die Höhe der Endösen ist so gewählt, daß gegenüber dem Litzenträger ein freies Spiel von ca. 16 mm vorhanden ist.

Das Schaltbild der Geschirrfadenwächtereinrichtung, wie sie schließlich nach den unumgänglichen Umbauten und Schaltänderungen für die Vergleichsversuche angewandt wurde, geht aus den Abbildungen 1 und 2 hervor. Die Sekundärwicklung eines Transformators (220/24 V), der hinter dem Webstuhlschalter angeklemmt ist, um bei abgestelltem Webstuhl eine stromlose Anlage zu gewährleisten, liefert über die Magnetwicklung eines Relais und einen als Unterbrecher wirkenden Wellenschalter[2] die Spannung für die Kontaktschienen eines für die Leinwandbindung 4-schäftigen Geschirrs (Abb. 1). Bei Bindungen mit einer größeren Anzahl von Schäften tritt an Stelle des Unterbrechers ein Nockenkollektor (Abb. 2). Wie erwähnt, erfolgt die Zuführung der Spannung an die Schienen über flexible Kabel. Die genaue Stromführung geht aus den Abbildungen hervor. Bei der Leinwandbindung ist, wie Abbildung 1 zeigt, die Schaltung sehr einfach, während die Schaltung für mehrschäftige Bindungen gemäß Abbildung 2 einen größeren Aufwand erfordert. Das Kontaktschienenpaar besteht aus einer inneren und einer äußeren Schiene, die voneinander durch eine Isolationsschicht getrennt sind.

Der Unterbrecher (Abb. 3) oder Nockenkollektor (Abb. 4) gibt jeweils dann Kontakt, wenn sich ein Schaft oder ein Schäftepaar im Tiefstand befindet. Die Einstellung ist dabei derart vorzunehmen, daß die Kontaktgabe erst erfolgt, wenn die Erschütterungen durch den Schützenschlag abgeklungen sind. Unterbrecher bzw. Nockenkollektor werden von der Schlagexzenterwelle betätigt bzw. angetrieben, bei dem Unterbrecher über einen Doppelnocken (Doppelexzenter), bei dem Nockenkollektor, dessen Welle sich in Kugellagern bewegt, über eine Kette.

---
2. angetrieben von der Schlagexzenterwelle

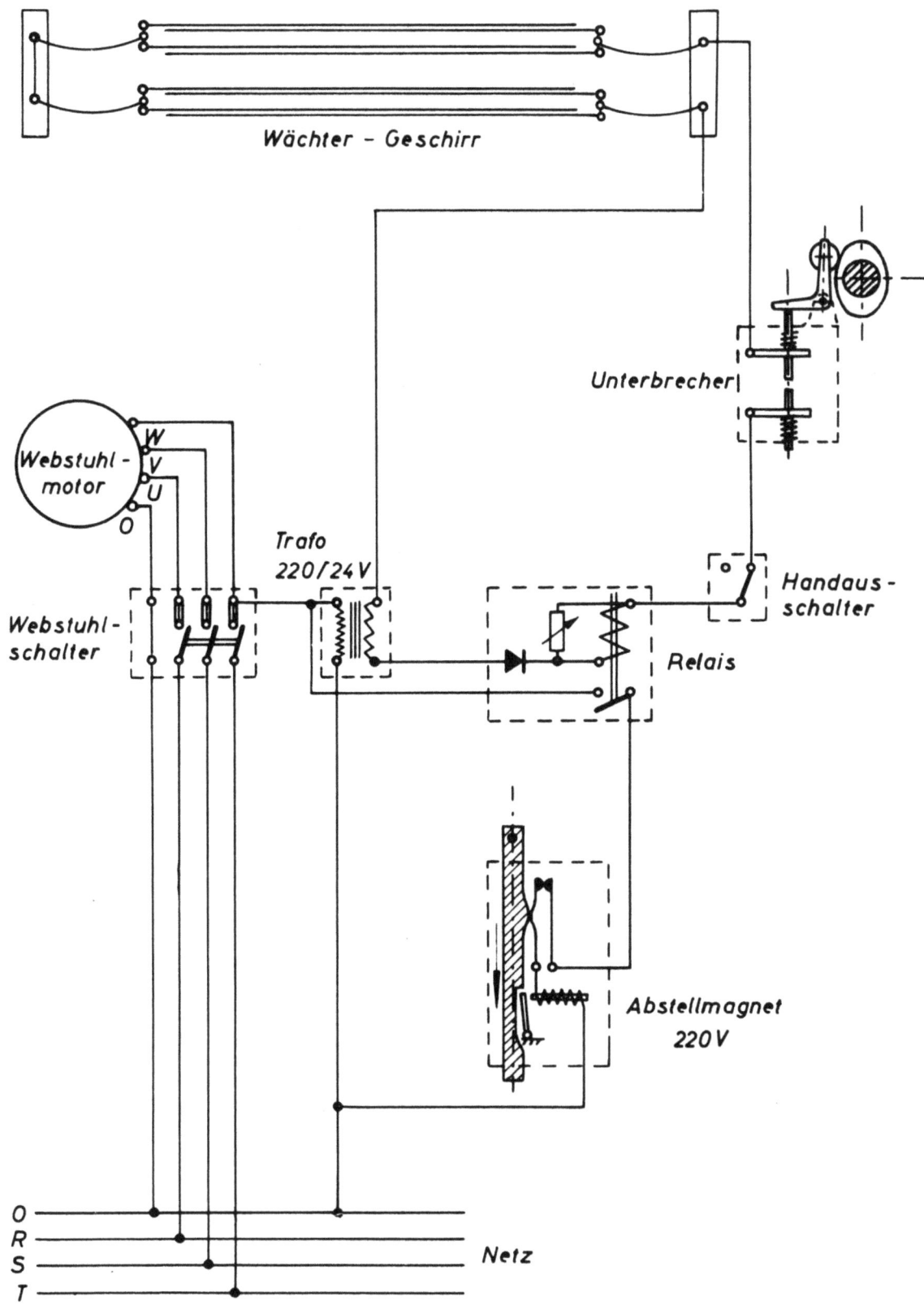

Abbildung 1
Elektr. Wächter-Geschirr 4-schäftig
(Leinwandbindung)

Forschungsberichte des Wirtschafts- und Verkehrsministeriums Nordrhein-Westfalen

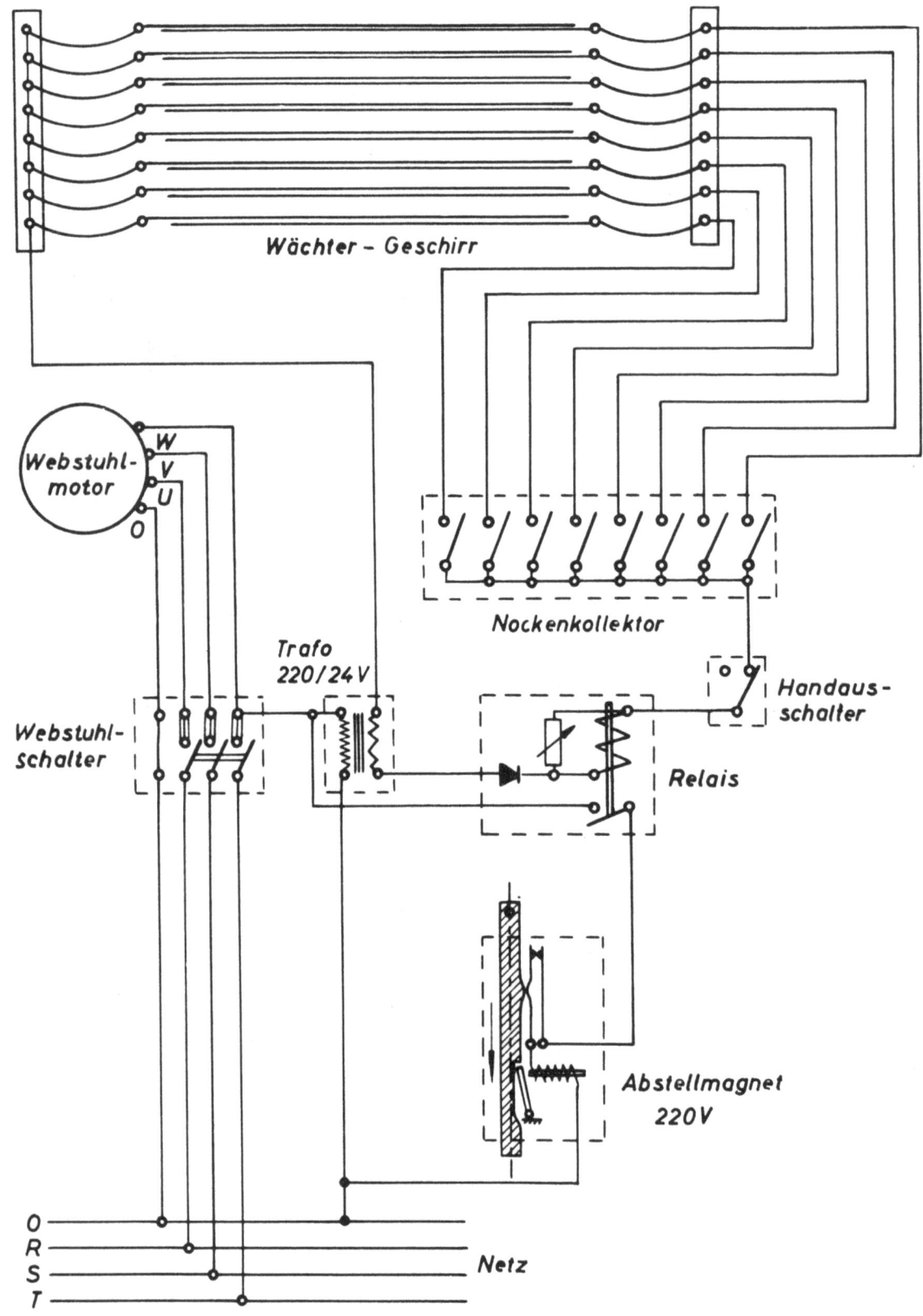

Abbildung 2
Elektr. Wächter-Geschirr 8-schäftig

Forschungsberichte des Wirtschafts- und Verkehrsministeriums Nordrhein-Westfalen

Abbildung 3

Abbildung 4

Die Kontaktgabe durch den Unterbrecher erfolgt in der aus Schaltbild und Abbildung ohne weiteres ersichtlichen Weise im Rhythmus der Schaftbewegung. Beim Nockenkollektor wird die Kontaktgabe über je zwei verschleißfeste Phosphorbronzefedern mit stabilen Kontaktsätzen herbeigeführt. Zu jedem Schaft gehört ein Kontaktfederpaar. Die Betätigung der Kontaktfedern erfolgt über eine Schaltwalze, die entsprechend der Bindung und der Schaftzahl mit Nocken zu besetzen ist. Für die Aufnahme dieser Nocken dienen die in Abbildung 4 deutlich sichtbaren Bohrungen der Schaltwalze.

Der Unterbrecher bzw. Nockenkollektor wird zweckmäßigerweise zur bequemen Einstellung außen an der Seitenwand des Webstuhls angebracht. Wenn diese Anordnung Schwierigkeiten bereitet, ist der Anbau an der vorderen oder hinteren Traverse bzw. an den Querverbindern des Webstuhls in Erwägung zu ziehen.

In den Steuerstromkreis ist zusätzlich noch ein Hand-Ausschalter eingefügt, der dazu dient, die Wächteranlage beim Vorrichten neuer Ketten außer Betrieb zu setzen, solange nicht alle Fäden wieder einwandfrei gespannt sind.

Der vorstehenden Beschreibung ist zu entnehmen, daß jeweils bei Schafttiefstand die Kontaktschienen über den Unterbrecher bzw. den Nockenschalter unter Spannung gesetzt werden. Infolge der natürlichen Fadenspannung durch die Fachbildung sind in diesem Augenblick die Weblitzen angehoben, die Abschrägungen in den oberen Weblitzenführungen berühren die Kontaktschienen nicht. Bei Kettfadenbruch wird hingegen die betreffende Weblitze nicht gehoben, so daß eine leitende Verbindung zwischen den Kontaktschienen geschaffen und damit der Steuerstromkreis über die Erregerspule des Relais geschlossen wird. Das Relais spricht an und schließt einen kräftig ausgebildeten Kontakt, der den Arbeitsstromkreis, in dem die Erregung des Abstellmagneten eingeschaltet ist, herstellt. Durch die Betätigung des Magneten wird eine Sperre gelöst, die ein Abstellgestänge freigibt, das durch sein Eigengewicht und eine Feder - wie aus Abbildung 1 und 2 ersichtlich - nach unten bewegt wird. Das Gestänge ist mit einem am Webstuhlbetätigungshebel drehbar gelagerten Arm verbunden, der beim Abwärtsgehen des Gestänges gehoben wird und mit einem unterhalb der sich vorwärts bewegenden Weblade angebrachten Anschlag in Berührung kommt. Der Ein- und Ausrückhebel wird dadurch aus seiner Raste gedrückt und schnellt in die Ausrückstellung. Hierbei wird durch eine besondere Hebevorrichtung, die mit dem Betätigungshebel in Verbindung steht, das Gestänge so weit gehoben, daß die Sperre wieder wirksam wird. Nachdem der gerissene Kettfaden angeknotet und in die Litze eingezogen ist, kann der Webvorgang fortgesetzt werden, da die Litze beim Schafttiefstand, wenn die Kontaktschiene unter Spannung steht, wieder angehoben wird und ein Stromschluß im Steuerstromkreis nicht zustande kommt.

b) Mechanischer Kettfadenwächter

Dem elektrischen Kettfadenwächtergeschirr wurde ein mechanischer Lamellen-Kettfadenwächter zwischen Streichbaum und Geschirr gegenübergestellt (Abb. 5). Die Wirkungsweise dieser Einrichtung beruht darauf, daß dünne Stahllamellen, die einzeln auf den Kettfäden aufgereiht sind (Einziehlamellen), bei Kettfadenbruch in den Bereich einer Fühlvorrichtung fallen, deren freie Beweglichkeit behindern und dadurch die Abstellung des Webstuhls herbeiführen. Die Fühlvorrichtung besteht aus feststehenden und schwingenden, feingezahnten Schienen. Die schwingenden Zahnschienen erhalten ihren Antrieb über eine Betätigungsstange von einem Exzenter der Schlagexzenterwelle. Dieser Exzenter bewirkt nicht nur ein Hin- und Herschwingen der gezahnten Schienen, sondern setzt auch die Abstellstange mit dem Abstellhebel über ein Zwischengestänge und einen zweiarmigen Hebel derart in auf- und abgehende Bewegung (s. Abb. 5), daß der an dem Webstuhl-Ein- und Ausrücker gelagerte Abstellhebel nicht mit dem an der Webstuhllade angebrachten Anschlageisen bei Vorwärtsbewegung der Lade in Berührung gelangt. Bei Kettfadenbruch fällt eine Lamelle zwischen ein Paar der feststehenden und schwingenden Schienen. Letztere und ihre Betätigungsstange werden blockiert, während die Bewegung des Exzenters durch die als Bruchsicherung eingeschaltete Druckfeder aufgefangen wird. Der Abstellhebel am Ausrücker bleibt unbewegt und gelangt in den Bereich des Anschlageisens an der sich vorwärtsbewegenden Weblade, die den Webstuhlbetätigungshebel aus seiner Rast drückt und den Stuhl zum Stillstand bringt. Damit der Weber den Ort des Fadenbruches schnell finden kann, ist am Lamellenkorb ein Handhebel angebracht, bei dessen Betätigung die heruntergefallene Lamelle bewegt wird.

c) Teilstäbe

Es wurde bereits erwähnt, daß die Anwendung eines elektrischen Geschirrfadenwächters die Anordnung von Teilstäben erforderlich macht. Die Art der Aufteilung kann dabei verschieden vorgenommen werden, wie aus Abbildung 6 hervorgeht.

Der obere Teil der Abbildung 6 gibt eine Garnaufteilung 1:1 wieder, die dadurch herbeigeführt wird, daß bei dem dargestellten 4-schäftigen Einzug (1., 3., 2., 4. Schaft) bei paarweisem Arbeiten der Schäfte die Fäden des 1. und 2. Schaftes gemeinsam unter dem 1. und über dem 2. Teilstab

Forschungsberichte des Wirtschafts- und Verkehrsministeriums Nordrhein-Westfalen

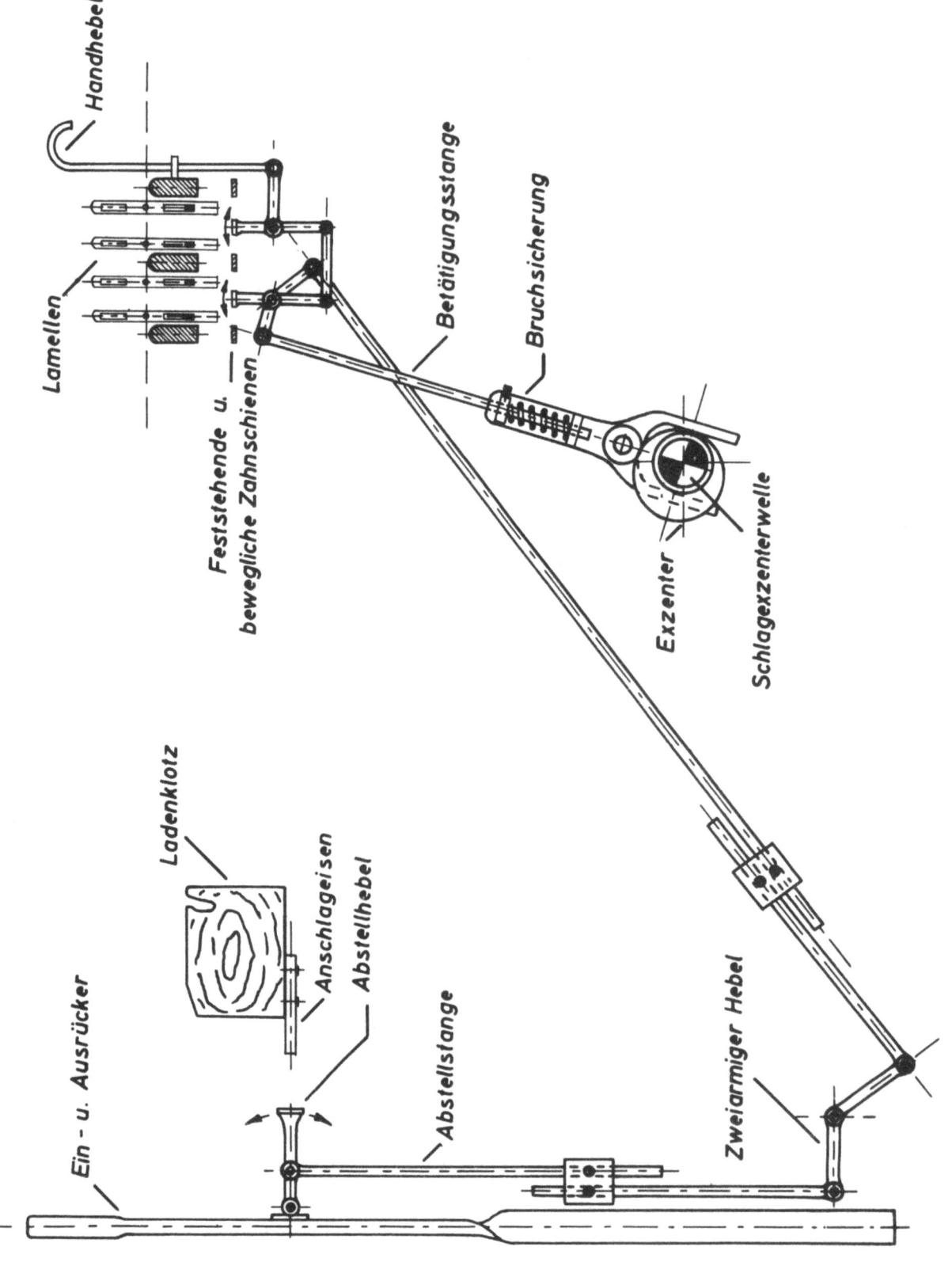

Abbildung 5
Mechanischer Kettfadenwächter

Seite 14

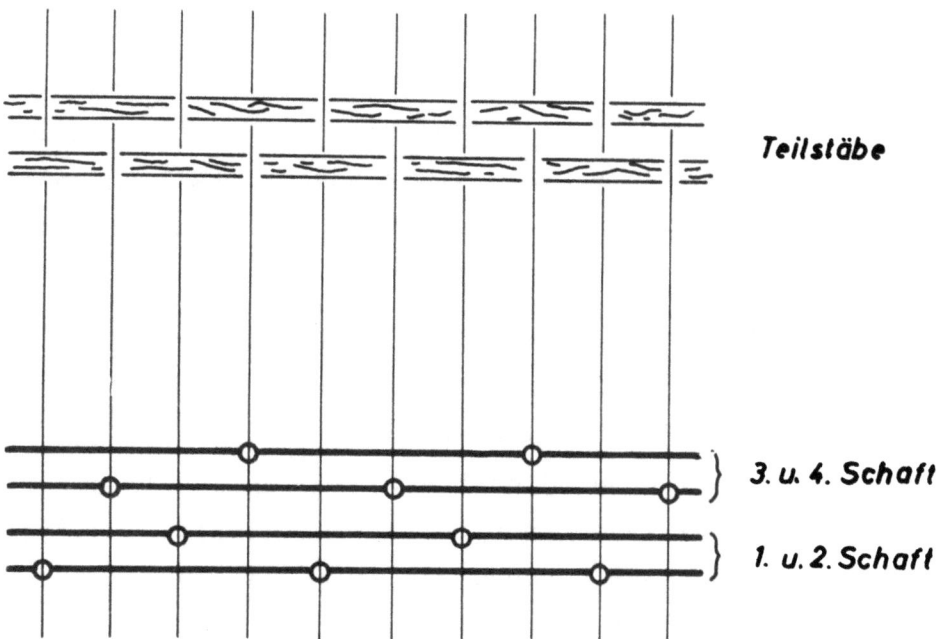

Teilung 1:1

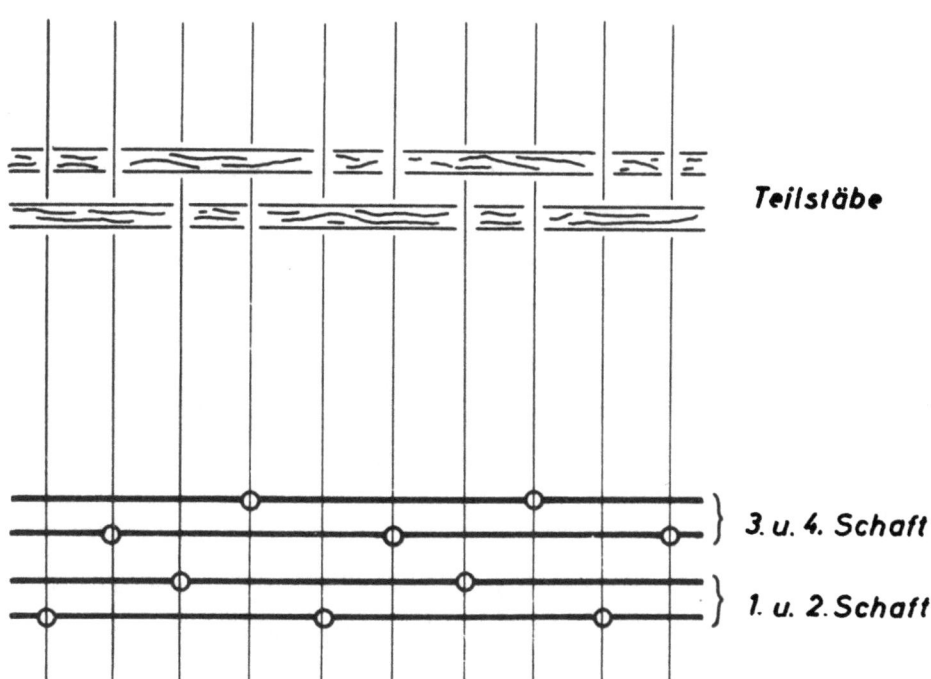

Teilung 2:2

A b b i l d u n g 6
Teilstab-Anordnungen

und die Fäden des 3. und 4. Schaftes gemeinsam über dem 1. und unter dem 2. Teilstab geführt werden. Diese Anordnung bewirkt bei den einzelnen Fachstellungen einen Ausgleich unterschiedlicher Fadenlängen im Ober- und Unterfach, wie diese bei einem, wie in unserem Fall unsymmetrischen Fach entstehen. Der Längenausgleich ist erkenntlich an den gegenläufigen Bewegungen der Teilstäbe während des Webstuhllaufes.

Der untere Teil der Abbildung 6 zeigt bei gleichem Einzug der Kettfäden in die Webschäfte und bei gleicher Arbeitsweise der Schäfte eine Garnaufteilung 2:2. Hierbei liegen abwechselnd zwei Fäden (1. und 3. Schaft) und zwei Fäden (2. und 4. Schaft) oberhalb bzw. unterhalb der Teilstäbe nebeneinander, so daß bei Fachöffnung ein Längenausgleich durch Verlagerung der beiden Teilstäbe zueinander, wie er bei der Garnaufteilung 1:1 eintritt, nicht mehr erfolgen kann. Die Teilstäbe bleiben während des Webvorganges praktisch in einer Höhe liegen, und ein erforderlicher Längenausgleich der Kettfäden erfolgt nur durch unterschiedliche Dehnungsbeanspruchung der Fäden, die durch Verschiebungen der Nachbarkettfäden während des Schußeintrages im Bereich der zuletzt eingetragenen Schußfäden ersichtlich ist (Fadenwalke).

Bei Benutzung einer Lamellen-Kettfadenwächtereinrichtung ist eine Teilstabanordnung nicht unbedingt erforderlich, da die zwischen Streichbaum und Webschäften angeordneten Lamellen bereits die Ordnung und Teilung der Kettfäden herbeiführen. Ein Längenausgleich der Kettfäden wird dabei in gewissen Grenzen durch die Lamellen erreicht.

2. Garn- und Gewebedaten

Die Erprobung des Kettfadenwächtergeschirrs wurde sowohl mit einer Baumwollware als auch mit einer Reinleinenware vorgenommen. Die Gewebe (Leinwandbindung) hatten folgende Einstelldaten.

a) Baumwollgewebe

Kette: Baumwollgarn Nm 27 gebl., 23,0 Fd/cm entsprechend einer relativen Dichte von 4,43; Einstellbreite 158 cm, Geweberohbreite ca. 150 cm.

Schuß: Baumwollgarn Nm 20 gebl., 22,0 Fd/cm entsprechend einer relativen Dichte von 4,92.

b) Reinleinengewebe

Kette: Flachsgarn Nm 21, 3/4 gebl., 18,5 Fd/cm entsprechend einer relativen Dichte von 4,04; Einstellbreite 179 cm, Geweberohbreite ca. 170 cm.

Schuß: Flachsgarn Nm 18, 3/4 gebl., 21,0 Fd/cm entsprechend einer relativen Dichte von 4,95.

Die angeführten Fadendichten gelten für die Rohgewebe. Da die Versuche nur für Leinwandbindung hergestellt wurden, fanden Ausführung und Schaltung des elektrischen Kettfadenwächtergeschirrs nach Abbildung 1 Anwendung.

3. Webversuche

Die beschriebenen Kettfadenwächtereinrichtungen waren für einen mittelschweren Atherton-Webstuhl bei einer Blatteinstellbreite von 200 cm passend. Der Versuchswebstuhl wurde mit 116 U/min betrieben. Als Webgeschirr diente auch bei den Vergleichsversuchen mit Kettfadenwächterlamellen einheitlich das für den elektrischen Kettfadenwächter vorgesehene Spezialgeschirr mit 330 mm langen Flachstahlweblitzen von 0,35 x 2,3 mm Stärke und langovalen Augen 2,8 x 6,0 mm.

Während der Webversuche mit elektrischer Überwachung der Kettfäden durch das Wächtergeschirr wurden nicht nur die Stahllamellen von den Kettfäden entfernt, sondern auch der Lamellenkorb ausgebaut, um jede Behinderung der Webkette auszuschließen.

Der Versuchsplan sah für die beiden beschriebenen Kettfadenwächtereinrichtungen Prüfungen vor, die ihr Verhalten beim Verweben von Baumwoll- und Leinengarnketten zeigen sollten. Als Maß für die Wirkungsweise sollte ihre Reaktionsfähigkeit gegenüber auftretenden Kettfadenbrüchen festgestellt werden unter Anführung der zwischen Fadenbruch und Stillstand des Webstuhles noch eingetragenen Zahl von Schußfäden (bezeichnet als Fadenfehllänge). Außerdem sollten die Kettfadenbruchbehebungszeiten ermittelt werden. Selbstverständlich wurden auch die Fadenbruchhäufigkeiten registriert.

Weiterhin bezogen sich die Versuche auf die Erprobung der Fadenaufteilungen 1:1 und 2:2 durch die bei dem elektrischen Kettfadenwächtergeschirr erforderlichen Teilstäbe. Dieser Vergleich wurde lediglich an der Flachsgarnkette vorgenommen. Mit der Baumwollkette wurde mit einer Fadenaufteilung 1:1 gearbeitet. Bei dem mechanischen Lamellenwächter wurde - abgesehen von einer zusätzlichen Probe - ohne Teilstäbe gewebt, da eine gewisse Fadenaufteilung bereits von den aufgereihten Lamellen bewirkt wird.

Für die Einzelversuche wurde eine Beobachtungslänge von ca. 200.000 Schuß festgelegt. Es erwies sich allerdings, daß bei der Baumwollkette der Versuch auf etwa die doppelte Länge ausgedehnt werden mußte, um Fadenbruchbeobachtungen in einer Zahl auswerten zu können, deren Größenordnung für eine sichere Aussage ausreichte

Die relative Luftfeuchtigkeit und Lufttemperatur blieben während der gesamten Versuchsdauer annähernd konstant. Die rel. Luftfeuchtigkeit betrug über 85 %, ein Wert, der weit über den diesbezüglichen allgemeinen Verhältnissen in Leinenwebereien lag. Der Auswirkung dieser extrem hohen Luftfeuchtigkeit auf die Wächtereinrichtung wurde besondere Aufmerksamkeit geschenkt.

IV. Versuchsergebnisse

1. Empfindlichkeit der Kettfadenwächter unter Berücksichtigung hoher Luftfeuchtigkeiten

a) Mechanischer Lamellenwächter

Eine Beeinflussung der Arbeitsweise des mechanischen Lamellenwächters durch hohe rel. Luftfeuchtigkeit war nicht festzustellen.

b) Elektrischer Geschirrfadenwächter

Bei der Inbetriebnahme des elektrischen Geschirrfadenwächters kam der Abstellmagnet auch ohne Auftreten von Kettfadenbrüchen häufig zur Wirkung. Zur Untersuchung dieser ungewollten Abstellungen des Webstuhls wurde zunächst das Fach auf durchhängende Fäden überprüft. Jedoch brachten weder eine Vergrößerung des Webfaches selbst über das übliche Maß hinaus, noch eine Höhersetzung des Streichbaums zwecks Vergrößerung der Kettfadenspannung im Unterfach die angestrebte Änderung in bezug auf die übergroße Empfindlichkeit der Wächtereinrichtung. Ebenso führte eine Verkürzung der Länge der Kontaktgabe sowie eine frühere oder spätere Kontaktgabe durch den Unterbrecher nicht zu einer Besserung. Auch Fehler innerhalb der

Isolation der Kontaktschienen in den einzelnen Webschäften oder mangelnde Abhebung der Weblitzen bei Schafttiefstand ließen sich nicht als Ursachen der Fehlabstellungen feststellen.

Da keinerlei webtechnische und schaltungsmäßige Mängel des Kettfadenwächters vorlagen, wurde der mangelnde Isolationswiderstand zwischen den Kontaktschienen in Verbindung mit der hohen Luftfeuchtigkeit als Ursache für die Störungen des elektrischen Geschirrfadenwächters in Erwägung gezogen. Diese Vermutung wurde dadurch bekräftigt, daß nach längeren Betriebspausen die Abstellungen häufiger auftraten, was auf einen Niederschlag der Feuchtigkeit auf den erkalteten Kontaktschienen schließen ließ.

Messungen des Isolationswiderstandes zwischen den 2 m langen Kontaktschienen ergaben einen Wert weit unter 100.000 Ohm. Dieser verhältnismäßig niedrige Isolationswert war offenbar für das von der Herstellerfirma vorgesehene Feinrelais mit einem Ansprechstrom von 0,00095 Amp. nicht ausreichend, zumal auch die Webstuhlerschütterungen im Betrieb zusätzlich auf das Relais wirken.

Ein Zwischenversuch ohne Relais mit einer Betriebsspannung von 24 V, wobei sich für die Betätigung des Abstellmagneten 0,28 Amp. als erforderlich erwiesen, zeigte ein Arbeiten ohne Fehlabstellungen.

Diese Möglichkeit des praktischen Arbeitens ohne Zwischenrelais war für uns nicht gegeben, da in der Aufgabenstellung eine Erhöhung der Abstellsicherheit bei Kettfadenbruch gefordert wurde, die, um eine kräftige Erregung des Abstellmagneten zu ermöglichen, eine Zwischenschaltung des Relais zwecks Trennung von Steuer- und Arbeitsstromkreis unumgänglich machte. Es bleiben deshalb für die Erfüllung der Aufgabe zwei Wege, nämlich eine Verbesserung der Isolation zwischen den Kontaktschienen oder eine Herabsetzung der Ansprechempfindlichkeit des Relais. Im Verlauf des Versuches war nur der zweite Weg gangbar, da die Beschaffung neuer Kontaktschienen mit erhöhter Isolation in der zur Verfügung stehenden Zeit nicht in Aussicht zu nehmen war.

Zum Einsatz kam ein gegen Erschütterungen unempfindliches Siemens-Kammrelais mit Gleichrichter. Diesem Relais war ein regelbarer Widerstand parallel geschaltet, der es für den Versuch erlaubte, den Ansprechstrom in den Grenzen von 0,02 - 0,1 A beliebig einzustellen. Es ergab sich, daß es möglich war, mit der äußersten Einstellung für 0,02 A zu arbeiten, ohne daß nunmehr Fehlabstellungen des Stuhles erfolgten. Der Vergleich mit der ohne Trennung vom Steuer- und Arbeitsstromkreis in Kauf zu nehmenden Stromstärke von 0,28 A, wie sie sich für die Betätigung des Abstellmagneten als notwendig erwies, ergibt also einen trotz des niedrigen Isolationswertes zwischen den Kontaktschienen tragbaren Rückgang der Stromstärke im Steuerstromkreis um das 14-fache.

Die hohe relative Luftfeuchtigkeit wirkte sich nicht nur in bezug auf Fehlabstellungen bei zu geringem Ansprechstrom des Relais aus. Im Verlauf der Versuche erwies sich auch das Kontaktschienenmaterial, eine harte Kupferlegierung ohne galvanischen Überzug (Vernickelung und Verchromung), als ungünstig. Nach längerer Benutzung des Geschirrs bildete sich bei den Temperaturschwankungen, die vor allen Dingen in der kälteren Jahreszeit vorkommen, eine Oxydschicht auf den Schienen, welche die Abstellempfindlichkeit reduzierte. Dabei zeigte sich, daß auch die ständige Reibung der Weblitzen auf den Schienen nicht immer eine ausreichend reinigende Wirkung mit sich bringt.

2. Webschäfte

Um ein Durchhängen des Geschirrs bei großen Webbreiten zu vermeiden, wurde eine Verstärkung der Schaftrahmen angestrebt. Vom Hersteller des Wächtergeschirrs wurde eine Stahlrohrausführung vorgesehen, wobei gängige Stahlprofile zugrunde gelegt wurden. Es entstand auf diese Weise ein Geschirr, das in seinen Abmessungen und auch gewichtsmäßig für den Verwendungszweck in der normalen Leinenweberei als überdimensioniert angesprochen werden muß. Die üblichen Geschirre mit 280 mm langen Stahldrahtlitzen besitzen bei einer Schaftrahmenlänge von 200 cm und einer Schaftrahmenhöhe von 37 cm eine Stärke von 9 mm je Schaft, wobei das Gewicht einschließlich der Weblitzen für vier Schäfte ca. 7 kg beträgt. Demgegenüber hat das Wächtergeschirr bei Einsatz 330 mm langer Flachstahllitzen ebenfalls bei einer Schaftrahmenlänge von 200 cm und der für die längeren Litzen erforderlichen größeren Schaftrahmenhöhe von 49 cm eine Schaftstärke von 20 mm. Das 4-schäftige Wächtergeschirr hat dabei ein Gewicht von 48 kg, verglichen mit vielleicht 10 kg des normalen Geschirrs bei gleicher Litzenlänge.

Einem derartigen Gewicht waren bei dem mittelschweren Versuchsstuhl die Schaftaufhängungen aus Lederriemen und Schnüren nicht gewachsen und mußten während der Beobachtungszeit häufig erneuert werden. Schon beim Nachziehen der Verschnürung, die oft notwendig war, war die Überwindung des großen Schaftgewichtes nur unter Verwendung von Hilfsmitteln möglich.

Zudem war die große Schaftrahmenstärke von 20 mm nachteilig durch ihre ungünstige Beeinflussung der Fachverhältnisse.

Zusammengefaßt kann - wie bereits anfangs gesagt - festgestellt werden, daß das für die Versuche angefertigte Kettfadenwächtergeschirr für die Belange der Leinenweberei zu schwer dimensioniert war. Schaftrahmen mit geringeren Stärken (um 12 mm) aus dünnwandigeren Stahlprofilen erscheinen ausreichend und hätten die vorbeschriebenen Schwierigkeiten infolge hohen Gewichts der Schäfte nicht in Erscheinung treten lassen.

Unerläßlich allerdings ist die Anbringung seitlicher Schaftführungen und von Führungen zwischen den Schäftepaaren, um eine exakte Bewegung der Litzen zwecks Vermeidung ungewollter Kontaktgabe zu sichern.

3. Reaktionsvermögen der Kettfadenwächter

a) Baumwollgarnkette

Bei einer Beurteilung der Wirkungsweise verschiedener Kettfadenwächtersysteme interessiert besonders das Ansprechen der zu vergleichenden Einrichtungen bei Kettfadenbruch. Um die Reaktionsfähigkeit des mechanischen Lamellenwächters und des elektrischen Geschirrfadenwächters in dieser Beziehung einander gegenüberzustellen, wurden bei auftretenden Kettfadenbrüchen die "Fadenfehllängen", ausgedrückt in Anzahl Schuß (Kurbelwellenumdrehungen) zwischen Auftreten des Fadenbruches und Eintritt des Webstuhlstillstandes erfaßt. In keinem Falle wurde bei Fadenbruch der Stuhl von Hand abgestellt, sondern das Abstellen durch die Wächtereinrichtung abgewartet.

Tabelle 1 enthält die beim Verweben der Baumwollgarnkette Nm 27 gebl. ermittelten Fadenfehllängen. Sie wurden je nach dem Ort ihres Auftretens registriert. Die Unterteilung wurde wie folgt vorgenommen:

1. Brüche zwischen Kettbaum und mechanischem Lamellenwächter bzw. Teilstäben beim elektrischen Wächtergeschirr.

2. Fadenbrüche zwischen mechanischem Lamellenwächter bzw. Teilstäben beim elektrischen Wächtergeschirr und Webschäften.

3. Fadenbrüche im Bereich der Webschäfte.

4. Fadenbrüche zwischen Webschäften und zuletzt eingetragenem Schußfaden.

Tabelle 1
Fadenfehllängen bei Baumwollkette

	Durchschnittl. Fadenfehllängen (Schußzahl zw. Fadenbruch und Stillstand)				
	1.	2.	3.	4.	Mittel
Versuch I Mechanischer Lamellenwächter (ohne Teilstäbe)	3,0	3,0	58,0	21,0	30,0
Versuch II Elektrischer Geschirrwächter (Teilung 1:1)	0,8	1,5	9,8	1,4	3,3

An Hand der Werte der Tabelle 1 ist dem elektrischen Geschirrfadenwächter, der im Mittel nach 3,3 Schuß den Webstuhl zum Stillstand bringt, gegenüber dem zu vergleichenden mechanischen Lamellenwächter, der erst nach 30 Schuß den Stillstand herbeiführt, eindeutig der Vorzug zu geben. In beiden Fällen wurden die größten Fadenfehllängen bei den Fadenbrüchen festgestellt, die im Bereich des Webgeschirrs auftraten (Mittel: 58,0 bzw. 9,8), ein Zeichen dafür, daß an dieser Stelle bei Fadenbruch ein gegenseitiges Verfangen der Fäden am häufigsten auftritt. Der Vorteil des elektrischen Wächtergeschirrs liegt eben darin, daß es unmittelbar an der Gefahrenstelle angeordnet und deshalb eher reaktionsfähig ist.

Ein vermindertes Reaktionsvermögen der mechanischen Wächtereinrichtung ist weiterhin bei Kettfadenbrüchen zu verzeichnen, die zwischen den Webschäften und dem eingetragenen Schußfaden auftreten.

b) Flachsgarnkette

Tabelle 2 gibt die gemittelten Fadenfehllängen wieder, die sich beim Verweben der Flachsgarnkette Nm 21, 3/4 gebl. ergaben.

Ein Vergleich der Mittelwerte in Tabelle 2 zwischen elektrischem Kettfadenwächtergeschirr und mechanischem Lamellenwächter läßt wiederum die Vorzüge des Geschirrfadenwächters erkennen. 1,7 bzw. 4,9 Schuß zwischen Fadenbruch und Stillstand beim elektrischen Geschirrfadenwächter stehen 8,9 Schuß beim Lamellenwächter gegenüber.

Im Gegensatz zu den Untersuchungsergebnissen mit der Baumwollgarnkette, bei der das Reaktionsvermögen des Geschirrfadenwächters 9mal höher war als das des Lamellenwächters, treten bei den Versuchen mit der Flachsgarnkette Verhältnisse von nur 5:1 bzw. 2:1 auf. Das Untersuchungsergebnis mit der Flachsgarnkette weist somit beachtliche Abweichungen von dem mit der Baumwollgarnkette erhaltenen auf.

Tabelle 2

Fadenfehllängen bei Flachsgarnkette

	Durchschnittl. Fadenfehllängen (Schußzahl zw. Fadenbruch und Stillstand)				
	1.	2.	3.	4.	Mittel
Versuch III Mechanischer Lamellenwächter (ohne Teilstäbe)	2,9	11,1	10,9	8,6	8,9
Versuch IV Elektrischer Geschirrwächter (Teilung 1:1)	1,8	1,2	1,1	2,5	1,7
Versuch V Elektrischer Geschirrwächter (Teilung 2:2)	2,1	3,4	5,8	5,4	4,9

Die Unterschiede lassen sich auf den Charakter des Kettgarns und die Dichte der Kette zurückführen. Das Baumwollgarn ist flusig gegenüber dem glatten Flachsgarn. Zudem war die Baumwollkette mit rel. 4,4 dichter eingestellt als die Flachsgarnkette mit 4,0.

Bei den Versuchen mit elektrischem Kettfadenwächtergeschirr wurden, wie aus Tabelle 2 hervorgeht, Unterschiede in der Abstellsicherheit je nach Anordnung der Teilstäbe festgestellt. Bei der Garnaufteilung 1:1 ergaben sich zwischen Fadenbruch und Stillstand im Durchschnitt 1,7, bei der Aufteilung 2:2 4,9 Schuß.

Allein auf die Wirkung der unterschiedlichen Kettaufteilung durch die Teilstäbe konnte dieser Unterschied nicht zurückgeführt werden, so daß nach der wahren Ursache zu suchen war. In diesem Zusammenhang ist zu berichten, daß beide Versuche in einer relativ kalten Jahreszeit - nach den Versuchen mit der Baumwollkette - durchgeführt wurden, und zwar Versuch V mit der ungünstigeren Fadenfehllänge vor Versuch IV. Dabei machte sich bemerkbar, daß im Verlauf der vorausgegangenen Arbeit, offenbar begünstigt durch Feuchtigkeitsniederschlag bei Betriebsstillstand, ein Oxydieren an den Kontaktschienen eingetreten war. Bei dem Versuch IV wurden die Kontaktschienen deshalb häufiger mit einem Lappen gesäubert, worauf offensichtlich das Herabsinken der Fadenfehllänge auf den festgestellten günstigen Wert eintrat. Den bei der Aufteilung 2:2 erhaltenen Wert von 4,9 Schuß zwischen Kettfadenbruch und Webstuhlstillstand halten wir deshalb nicht für charakteristisch. Unterschiede der Fadenfehllängen in Abhängigkeit von der Variation der Fadenaufteilung sind nicht wahrscheinlich.

Bei dem Vergleich der Fadenfehllängen des elektrischen Wächtergeschirrs zum mechanischen Lamellenwächter darf allerdings auch nicht außer acht gelassen werden, daß die mit 8,9 Schuß beim mechanischen Wächter ermittelte Ansprechempfindlichkeit durch Benutzung schwerer Lamellen gegebenenfalls noch zu verbessern ist.

Die Leinengarnkette mit den auf ihrer gesamten Länge vorhandenen Garnunregelmäßigkeiten läßt keine besonderen Unterschiede der Fadenfehllängen je nach Ort des Kettfadenbruches erkennen, wie dies bei der Baumwollkette (Höchstwert bei Brüchen im Webgeschirr) der Fall war.

4. Kettfadenbruchhäufigkeit

Eine Beurteilung der Wächtereinrichtungen nach der Kettfadenbruchhäufigkeit konnte nicht vorgenommen werden, da bei Anwendung des mechanischen Lamellenwächters ohne zusätzliche Garnaufteilung durch Teilstäbe gearbeitet wurde[3], während bei dem elektrischen Geschirrfadenwächter Teil-

---
3. Ein Versuch mit einer Garnaufteilung 1:1 durch Teilstäbe ergab paarige Ware

stäbe zur Anwendung kamen. Die Art der Garnaufteilung ist aber nicht ohne Einfluß auf die Häufigkeit der Fadenbrüche, so daß deren Veränderlichkeit lediglich in Abhängigkeit von der Art des Kettfadenwächters nicht erfaßt werden konnte.

Es kann an dieser Stelle lediglich auf die in dem früheren Bericht des TWB-Bastfaser vom Mai 1953 beschriebenen Versuchsergebnisse bezüglich der Kettfadenbruchhäufigkeit verwiesen werden[4]. Soweit damals Unterschiede der Fadenbruchhäufigkeit aufgetreten waren, sprachen sie zugunsten des elektrischen Geschirrfadenwächters. Auch überlegungsmäßig muß der letztere ein günstigeres Verhalten zeigen als der Lamellenwächter, da die Kettfäden weniger auf Reibung beansprucht werden.

5. Kettfadenbruchbehebungszeiten

Die Behebungszeiten der Kettfadenbrüche wurden bei den Versuchen mittels Stoppuhr festgestellt. Die in den folgenden Tabellen enthaltenen Werte beziehen sich dabei auf die reinen Behebungszeiten unter Ausschluß des Aufsuchens der gerissenen Fäden. Da der elektrische Geschirrfadenwächter im Vergleich zu dem mechanischen Lamellenkettfadenwächter keine Suchvorrichtung besitzt, ist bei einer Gegenüberstellung der beiden Wächtersysteme noch eine zusätzliche Belastung des Webers für den elektrischen Wächter einzuschließen, die bei dichten Gewebeeinstellungen und großen Webbreiten nicht unbedeutend sein kann.

a) Baumwollkette

Tabelle 3 gibt die durchschnittlichen Behebungszeiten eines Fadenbruches in min. für die mit der Baumwollkette durchgeführten Versuche wieder. Die Behebungszeiten sind wie die Fadenbruchfehllängen in Tabelle 1 und 2 wiederum je nach Entstehungsort der Kettfadenbrüche zusammengefaßt und in einer weiteren Spalte als Mittelwerte angegeben.

Die wesentlich höheren Zeiten, die für die Beseitigung von Kettfadenbrüchen beim mechanischen Lamellenwächter mit 0,95 min gegenüber dem

---

4. Bei dem früheren Versuch wurde sowohl beim elektrischen Kettfadenwächtergeschirr als auch beim mechanischen Lamellenwächter mit Teilstäben und einer Garnaufteilung 1:1 gearbeitet. Diese Möglichkeit war damals ohne offensichtliche Beeinträchtigung des Warenbildes deshalb gegeben, weil die hergestellte Ware z.T. wesentlich dichter war, und weil vor allem ein Webstuhl zur Verfügung stand, der für die Arbeitsweise mit frühem Fachumtritt geeignet war. Bekanntlich kann dadurch einer Paarigkeit der Ware entgegengewirkt werden

elektrischen Geschirrfadenwächter mit nur 0,53 min im Mittel festgestellt wurden, sind darauf zurückzuführen, daß die gerissenen Kettfäden die Neigung haben, sich mit den Nachbarkettfäden zu verfangen. Dies wird begünstigt durch die Flusigkeit des Baumwollgarns und durch den bereits festgestellten, auf der gleichen Ursache beruhenden Umstand, daß der mechanische Lamellenwächter bei der Baumwollkette weniger schnell reagiert. Die Bewegung des Webstuhles zwischen Fadenbruch und Abstellung aber erhöht die Gefahr des Verhängens und Verfangens. Außer dem Mehraufwand, der sich durch verhängte Fäden ergibt, entsteht durch das gelegentliche Einziehen von Fäden in die Lamellen beim mechanischen Wächter noch eine zusätzliche Belastung des Webers.

T a b e l l e 3

Fadenbruchbehebungszeiten bei Baumwollkette

	Durchschnittl. Behebungszeiten eines Fadenbruches (in min)				
	1.	2.	3.	4.	Mittel
Versuch I Mechanischer Lamellenwächter (ohne Teilstäbe)	0,89	1,28	0,94	0,83	0,95
Versuch II Elektrischer Geschirrwächter (Teilung 1:1)	0,63	0,75	0,57	0,49	0,53

Werden die Kettfadenbruchbehebungszeiten unter Berücksichtigung des Entstehungsortes der Fadenbrüche betrachtet, ist festzustellen, daß die Kettfadenbrüche, die zwischen dem Lamellenwächter bzw. den Teilstäben und den Webschäften auftreten, die höchsten Behebungszeiten (1,28 und 0,75 min) erforderlich machen. Dies erklärt sich offenbar durch den für das Anknoten besonders ungünstigen Ort, der unter 2. registrierten Brüche. Demgegenüber sind die Unterschiede zwischen den Behebungszeiten bei den beiden Wächtersystemen zuungunsten der mechanischen Einrichtungen bei 3 und 4 besonders kraß. Hier ist die Erklärung in der auf Seite 22 beschriebenen, verringerten Reaktionsfähigkeit des mechanischen Lamellenwächters bei den im Bereich des Geschirrs auftretenden Fadenbrüchen zu suchen.

b) Flachsgarnkette

Die bei den Versuchen mit Flachsgarnkette ermittelten Fadenbruchbehebungszeiten enthält Tabelle 4. Werden die Behebungszeiten aus Tabelle 4 mit denen der Tabelle 3 für Baumwollgarnkette verglichen, so tritt bei dem mechanischen Wächter der Unterschied zwischen den mittleren Behebungszeiten bei Baumwollgarnen (0,95 min) und Flachsgarnen (0,50 min) hervor. Offensichtlich verhält sich das Flachsgarn bei einem Fadenbruch anders als das Baumwollgarn. Der steifere und glattere Flachsgarnfaden neigt weniger dazu, sich mit seinem Nachbarkettfaden zu verfangen und zu verhängen, wie dieses bei Baumwollgarn der Fall ist, so daß der mechanische Wächter bei Flachsgarnen schneller zur Wirkung kommt (s. Tab. 2) und auch die Kettfadenbrüche schneller zu beheben sind.

T a b e l l e 4

Fadenbruchbehebungszeiten bei Flachsgarnkette

	Durchschnittl. Behebungszeiten eines Fadenbruches (in min)				
	1.	2.	3.	4.	Mittel
Versuch III Mechanischer Lamellenwächter (ohne Teilstäbe	0,61	0,55	0,48	0,46	0,50
Versuch IV Elektrischer Geschirrwächter (Teilung 1:1)	0,70	0,51	0,48	0,40	0,47
Versuch V Elektrischer Geschirrwächter (Teilung 2:2)	0,54	0,54	0,51	0,45	0,49

Die Behebungszeiten bei der Arbeit mit elektrischem Kettfadenwächter verhalten sich bei Baumwollgarnen und Flachsgarnen mit 0,53 min und 0,47 bzw. 0,49 min fast gleich. Sie sind bei der Flachsgarnkette nur unwesentlich niedriger. Die guten Eigenschaften eines elektrischen Wächtergeschirrs hinsichtlich schnellen Erfassens von Fadenbrüchen übertragen sich demnach auch günstig auf die Fadenbruchbehebungszeiten, da der Weber für das Freilegen des gerissenen, sich noch nicht verfangenen Fadens eine geringere Zeit benötigt.

Eine Beurteilung der Behebungszeiten nach dem Ort des Auftretens der Kettfadenbrüche läßt bei Flachsgarnen keine wesentlichen Schlüsse ziehen, da die gefundenen Werte fast gleich hoch sind.

6. Aufteilung der Kettfäden

Die Aufteilung der Kettfäden durch Lamellen oder durch Teilstäbe wirkt sich auf die Kettfadenbruchhäufigkeit und den Warenausfall entscheidend aus, so daß diese Momente bei den diesbezüglichen unterschiedlich hergestellten Versuchsgeweben einander gegenüberzustellen sind.

a) Baumwollgarnkette

Tabelle 5 enthält für das Verweben der Baumwollgarnkette Nm 27, gebl., die auf 100.000 Schuß bezogene Anzahl der aufgetretenen Kettfadenbrüche bei Anwendung eines mechanischen Lamellenwächters und einer Aufteilung des Kettmaterials durch die Kettfadenwächterlamellen ohne Teilstäbe (Vers. I). Tabelle 6 gibt die Kettfadenbruchhäufigkeit bei gleichem Kettmaterial, jedoch bei Benutzung eines elektrischen Kettfadenwächtergeschirrs und einer durch Teilstäbe vorgenommenen Garnaufteilung im Verhältnis 1:1 wieder (Vers. II).

Ein Vergleich zwischen elektrischem Geschirrfadenwächter und mechanischem Lamellenwächter bei einheitlicher Garnteilung 1:1 hinsichtlich der Kettfadenbruchhäufigkeit war wegen des schlechten Warenausfalls, der sich beim Weben mit mechanischem Wächter und 1:1 Teilung ergab, nicht durchführbar. In letzterem Fall konnte lediglich ein kurzes Gewebestück zur Demonstration des Gewebebildes hergestellt werden.

In den Tabellen 5 und 6 ist wiederum der Entstehungsort der Kettfadenbrüche durch die Rubriken 1 bis 4 (s.S. 21 u. 22) gekennzeichnet.

Tabelle 5

Kettfadenbruchhäufigkeit bei Baumwollkette

Versuch I Mechanischer Lamellenwächter (ohne Teilstäbe)	Kettfadenbrüche je 100.000 Schuß				
	1.	2.	3.	4.	Mittel
Fadenbrüche durch:					
Anspinner	-	0,3	0,3	1,3	1,9
Knoten	-	0,3	1,6	0,8	2,7
Dicke Stellen	0,5	-	-	0,3	0,8
Dünne Stellen	-	0,5	0,5	0,3	1,3
Faserflug	-	-	-	-	-
Ausgelaufene Fd.	-	-	-	-	-
Summe der Kettfadenbrüche	0,5	1,1	2,4	2,7	6,7

Tabelle 6

Kettfadenbruchhäufigkeit bei Baumwollkette

Versuch II Elektrischer Geschirrwächter (Teilung 1:1)	Kettfadenbrüche je 100.000 Schuß				
	1.	2.	3.	4.	Mittel
Fadenbrüche durch:					
Anspinner	-	-	0,3	0,5	0,8
Knoten	-	-	0,5	0,8	1,3
Dicke Stellen	0,3	0,3	0,3	0,3	1,2
Dünne Stellen	0,3	0,3	0,3	1,1	2,0
Faserflug	0,3	-	-	-	0,3
Ausgelaufene Fd.	0,3	-	-	-	0,3
Summe der Kettfadenbrüche	1,2	0,6	1,4	2,7	5,9

Den Tabellen ist zu entnehmen, daß bei Baumwollkettgarn die Kettfadenbruchhäufigkeiten sowohl bei dem mechanischen Lamellenkettfadenwächter ohne Teilstäbe als auch bei dem elektrischen Kettfadenwächtergeschirr und einer Garnaufteilung 1:1 mit insgesamt 6,7 und 5,9 Fadenbrüchen auf 100.000 Schuß niedrig liegen. Ob es sich zwischen den beiden Zahlen um einen echten Unterschied oder nur um eine Zufallsdifferenz handelt, läßt sich in Anbetracht der relativ niedrigen Werte nicht beurteilen. Die meisten Kettfadenbrüche treten im Bereich des Webgeschirrs und des Webblattes auf, und damit dürfte auch der Vorteil einer Anordnung des Kettfadenwächters im Webgeschirr selbst bei einem Kettmaterial, das weniger häufig zu Störungen Anlaß gibt, gegeben sein.

Das Versuchsgewebe I macht einen geschlossenen Eindruck. Die bei Fachwechsel sich ändernden Längen der einzelnen Kettfäden wirken sich somit günstig aus. Für den erforderlichen mäßigen Ausgleich sorgen die Wächterlamellen.

Gänzlich anders fiel demgegenüber das Gewebe bei einem Versuch mit einer Garnaufteilung im Verhältnis 1:1 durch zwischen Webgeschirr und der mechanischen Kettfadenwächtereinrichtung angeordnete Teilstäbe aus. Ein Fadenlängenausgleich wird hierdurch bei Fachwechsel durch die auf- und abgehenden Bewegungen der Teilstäbe in exakter Weise herbeigeführt, so daß eine gegenseitige Verschiebung der Nachbarkettfäden, die während des Schußeintrages für die Bildung eines geschlossenen Warenausfalls günstig ist, nicht zustande kommt. Das Gewebe fällt dabei stark paarig aus. Dieser Versuch wurde deshalb nicht weitergeführt.

Bei dem Versuch II mit elektrischem Geschirrfadenwächter war bei gleicher Garnteilung, wie bei dem erwähnten Zwischenversuch, jedoch – da der hinderliche mechanische Wächter entfiel – bei weiter zum Streichbaum zurückverlegten Teilstäben, die Beobachtung über die gesamte vorgesehene Webperiode möglich. Das hergestellte Gewebe wurde durch die verlegten Teilstäbe und das hiermit erreichte längere Hinterfach nur schwach paarig und wesentlich geschlossener als das Gewebe des Zwischenversuches mit Teilung 1:1 und Lamellenwächter.

b) Flachsgarnkette

Tabellen 7 bis 9 geben die auf 100.000 Schuß bezogenen Kettfadenbruchhäufigkeiten beim Verweben der Flachsgarnkette Nm 21, 3/4-gebl., wieder. In Tabelle 7 sind die Versuchsdaten für den mechanischen Kettfadenwächter bei einer Garnaufteilung mittels Lamellen angeführt (Vers. III). Tabellen 8 und 9 enthalten die Kettfadenbruchangaben bei Einsatz des elektrischen Kettfadenwächtergeschirrs und einer Anordnung der Teilstäbe entsprechend einem Garnaufteilungsverhältnis 1:1 bzw. 2:2 (Vers. IV bzw. V).

Tabelle 7

Kettfadenbruchhäufigkeit bei Flachsgarnkette

Versuch III Mechanischer Lamellenwächter (ohne Teilstäbe)	Kettfadenbrüche je 100.000 Schuß				
	1.	2.	3.	4.	Mittel
Fadenbrüche durch:					
Anspinner	0,5	1,4	3,3	9,0	14,2
Knoten	1,9	3,3	3,8	6,1	15,1
Dicke Stellen	0,5	0,9	2,8	3,3	7,5
Dünne Stellen	2,8	1,4	1,9	3,8	9,9
Schäben	-	0,5	0,5	-	1,0
Ausgelaufene Fd.	0,5	-	-	-	0,5
Summe der Kettfadenbrüche	6,2	7,5	12,3	22,2	48,2

Werden die bei Leinengarnverarbeitung entstandenen Kettfadenbrüche denen, die sich beim Verweben einer Baumwollkette ergaben, gegenübergestellt, so tritt die 8- bis 10-mal größere Kettfadenbruchhäufigkeit, hervorgerufen durch die geringere Dehnung und größere äußere Ungleichmäßigkeit des Leinengarns, in Erscheinung. Wird von dieser Feststellung, die hier weniger zu betrachten ist, abgesehen und werden nur die Werte der Tabellen 7 bis 9 einander gegenübergestellt, so sind ebenfalls erhebliche Abweichungen vorhanden.

Versuch III, dessen Kettfadenbruchhäufigkeiten je 100.000 Schuß in Tabelle 7 zusammengefaßt sind, wurde mit mechanischem Kettfadenwächter ohne Teilstäbe vorgenommen. Die Gesamthöhe der aufgetretenen Kettfadenbrüche liegt mit 48,2 gegenüber den Versuchen IV und V, bei denen mit elektrischem

Tabelle 8

Kettfadenbruchhäufigkeit bei Flachsgarnkette

Versuch IV Elektrischer Geschirrwächter (Teilung 1:1)	Kettfadenbrüche je 100.000 Schuß				
	1.	2.	3.	4.	Mittel
Fadenbrüche durch:					
Anspinner	1,0	0,5	3,4	13,7	18,6
Knoten	2,0	7,4	7,4	8,3	25,1
Dicke Stellen	-	5,9	11,8	6,4	24,1
Dünne Stellen	1,5	2,5	3,9	4,9	12,8
Schäben	-	-	-	-	-
Ausgelaufene Fd.	-	-	-	-	-
Summe der Kettfadenbrüche	4,5	16,3	26,5	33,3	80,6

Tabelle 9

Kettfadenbruchhäufigkeit bei Flachsgarnkette

Versuch V Elektrischer Geschirrwächter (Teilung 2:2)	Kettfadenbrüche je 100.000 Schuß				
	1.	2.	3.	4.	Mittel
Fadenbrüche durch:					
Anspinner	0,5	0,9	4,1	9,1	14,6
Knoten	1,4	5,5	6,4	10,0	23,3
Dicke Stellen	0,5	1,4	3,2	4,6	9,7
Dünne Stellen	2,3	3,2	4,6	3,7	13,8
Schäben	-	-	0,5	-	0,5
Ausgelaufene Fd.	0,5	-	-	-	0,5
Summe der Kettfadenbrüche	5,2	11,0	18,8	27,4	62,4

Geschirrwächter und Teilstabanordnungen 1:1 und 2:2 gearbeitet wurde, niedrig. Beim Versuch IV wurden 80,6 und beim Versuch V 62,4 Kettfadenbrüche je 100.000 Schuß ermittelt, Werte, die im Vergleich zum Versuch III um ca. 67 % und 29 % höher liegen. Diese beträchtlichen Unterschiede der Kettfadenbruchhäufigkeit können, wie schon dargelegt, nicht in einen direkten Zusammenhang mit dem Fadenwächtersystem stehen. Wenn schon die Fadenbruchhäufigkeit durch den Kettfadenwächter beeinflußt wird, dann müßte das umgekehrte Bild entstehen, da das elektrische Wächtergeschirr ohne die nachteilige reibende Wirkung der Stahllamellen arbeitet. Die krassen Abweichungen bezüglich der Kettfadenbruchhäufigkeit können also nur durch die Art der Garnaufteilung bedingt sein.

Bedauerlicherweise haben die durchgeführten Untersuchungen es nicht gestattet, diese Überlegung durch exakte Ergebniszahlen zu stützen. Ebenso wie bei der Baumwollkette ein Versuch mit Lamellenwächter und Garnaufteilung 1:1 mißlang, der als Parallele zu dem Versuch mit Geschirrfadenwächter und derselben Garnaufteilung gedacht war, war es auch bei der Flachsgarnkette nicht möglich, ein der erforderlichen Vergleichsgewebe in entsprechender Länge herzustellen, da die sich bei dem mechanischen Kettfadenwächter und Garnaufteilung 1:1 ergebende Gewebequalität einen Dauerversuch nicht erlaubte.

Die geringere Kettfadenbruchhäufigkeit, die sich bei der Benutzung des mechanischen Kettwächters, Versuch III, Tabelle 7, ergab, ist auf das Fehlen der Teilstäbe zurückzuführen, deren Wegfall eine größere, wirksamere Hinterfachlänge gewährleistet[5]. Der infolge des gegenüber dem Brustbaum höher gelegten Streichbaums erforderliche Längenausgleich der Kettfäden bei Fachwechsel wird in schonender Weise durch die Kettfadenwächterlamellen herbeigeführt, was besonders an den geringen Kettfadenbrüchen durch dünne Garnstellen (9,9) ersichtlich ist. Beim elektrischen Geschirrwächter waren diese Brüche mit 12,7 und 13,7 höher (Tab. 8 u. 9). Beobachtungen ergaben, daß Garnunregelmäßigkeiten, die sich vor dem Webgeschirr verhängten, gut gelöst wurden, was vornehmlich auch an einer niedrigeren Kettfadenbruchhäufigkeit der durch Knoten und dicke Stellen verursachten Kettfadenbrüche zu erkennen ist (15,1 u. 7,5).

---

5. Auch in der Praxis wird heute häufig ohne Teilstäbe gearbeitet. Die dabei gesammelten Erkenntnisse decken sich mit den Versuchsergebnissen

Zu den bei Versuch IV mit elektrischem Wächtergeschirr gefundenen hohen Fadenbruchhäufigkeiten (Tab. 8) ist festzustellen, daß eine durch Teilstäbe erreichte Teilung der Kettfäden im Verhältnis 1:1 wohl einen guten Ausgleich der durch ein unsymmetrisches Webfach hervorgerufenen Längenänderung der Fäden herbeiführt (Auf- und Abwärtsbewegung der Teilstäbe während des Fachwechsels), einem durch Garnunregelmäßigkeiten ermöglichten Verhängen der Nachbarkettfäden hingegen nicht entgegenwirkt. Werden die hierfür in Betracht kommenden Kettfadenbrüche durch Knoten und dicke Stellen zum Vergleich herangezogen, so ergibt sich, daß Garnunregelmäßigkeiten sehr häufig zu Störungen führten. Mit 25,1 und 24,1 sind diese Zahlen in Tabelle 8 wesentlich höher als die gleichen Zahlen der Tabelle 7 (15,1 u. 7,5).

Die weitere Untersuchung mit elektrischem Wächtergeschirr, Versuch V, Tabelle 9, erfolgte bei einer Teilung der Kettfäden im Verhältnis 2:2. Da die Teilstäbe bei dieser Garnaufteilung einen Ausgleich der durch das unsymmetrische Webfach hervorgerufenen Längenänderung der Kettfäden nicht bewirken, findet zwischen den Nachbarkettfäden eine Walke statt, welche die Garnunregelmäßigkeiten am Verhängen hindert. Es stellt sich der Höhe nach eine zwischen denen der Versuche II und IV liegende Kettfadenbruchhäufigkeit mit 62,4 Gesamtbrüchen je 100.000 Schuß ein. Vor allem die Kettfadenbruchhäufigkeiten durch Knoten und dicke Stellen beleuchten das Gesagte. Mit 23.3 und 9,7 liegen sie niedriger als bei dem Versuch mit der Aufteilung 1:1, doch hinwiederum höher als beim Arbeiten ohne Teilstäbe.

Werden die Häufigkeiten der Kettfadenbrüche je nach dem Entstehungsort einander gegenübergestellt, ist auch in allen Versuchsfällen mit Flachsgarnkette die größte Häufigkeit bei denjenigen Brüchen festzustellen, die im Geschirr und zwischen Geschirr und zuletzt eingetragenem Schußfaden liegen, so daß wie bei der Baumwollkette auch in diesem Falle die Anordnung eines Kettfadenwächters im Bereich des Geschirres in Form eines Wächtergeschirrs von Nutzen ist.

Das Gewebe des Versuches III, das mit mechanischem Wächter ohne Teilstäbe hergestellt wurde, erscheint einigermaßen gedeckt, eine Paarigkeit der Kettfäden ist nur schwach feststellbar.

Wie bereits erwähnt, wurde ein Versuch mit mechanischem Wächter und Garnaufteilung 1:1 eingeschaltet, doch fiel das Gewebe dieses Versuches durch seine starke Paarigkeit derartig unansehnlich aus, daß nur die Herstellung einer kleineren Gewebeprobe vorgenommen werden konnte.

Versuch IV ließ mit elektrischem Wächter und Garnteilung 1:1 ein dem Versuch III ähnliches, schwach paariges, ausreichend gedeckt erscheinendes Gewebe entstehen. Das im Aussehen beste Gewebe wurde beim Versuch V mit elektrischem Wächtergeschirr bei einer Garnaufteilung 2:2 erzielt. Paarigkeit ist nicht mehr vorhanden. Das Gewebe weist einen völlig geschlossenen Ausfall auf.

Zur Veranschaulichung des vorstehend beschriebenen, von Fall zu Fall zum Teil beträchtlich voneinander abweichenden Warenbildes sind in den Abbildungen 7 und 8 für die Versuchsreihe mit Flachsgarnkette Gewebeausschnitte im Größenverhältnis 1:1 wiedergegeben. Abbildung 7 zeigt die mit mechanischem Lamellenwächter und Abbildung 8 die mit elektrischem Geschirrwächter hergestellten Waren. Zur besseren Übersicht sind die Gewebeproben, die bei 1:1 Teilung gewebt wurden, in den Abbildungen 7 und 8 einheitlich auf die rechte Bildseite gelegt worden.

Sehr geschlossen und füllig ist das mit elektrischem Geschirrfadenwächter und 2:2 Teilung erzeugte Gewebe, welches beim Weben eine kräftige Walke erhalten hat (Abb. 8 links). Demgegenüber fällt am schlechtesten die mit mechanischem Lamellenwächter und im Verhältnis 1:1 aufteilenden Stäben hergestellte Probe aus (Abb. 7 rechts). Hier hat die Walke gefehlt. Bei elektrischem Geschirrfadenwächter und Teilung 1:1 ist die bei der vorgenannten Probe festgestellte Paarigkeit in diesem Ausmaß nicht mehr vorhanden (Abb. 8 rechts), was dadurch erreicht worden ist, daß unbehindert durch Lamellen die Teilstäbe zur Erzielung eines längeren Hinterfachs nach dem Streichbaum zu verschoben werden konnten. Das ohne Teilstäbe mit mechanischem Lamellenwächter erzeugte Gewebe (Abb. 7 links) nimmt schwach paarig qualitativ eine Mittelstellung ein, ähnlich der vorbeschriebenen Probe.

Das Gewebebild deckt sich bezeichnenderweise mit den Angaben, die bei der Besprechung der Kettfadenbruchhäufigkeit über das Verhalten der Kettfäden gegenüber Garnunregelmäßigkeiten gemacht wurden. Erfahren die nebeneinander liegenden Kettfäden eine gegenseitige Verschiebung (Walke), wird bei Leinengarnen außer einer Verringerung der Kettfadenbruchhäufigkeit eine geschlossenere Ware erzeugt, bei ungenügender Fadenwalke wird hingegen

Forschungsberichte des Wirtschafts- und Verkehrsministeriums Nordrhein-Westfalen

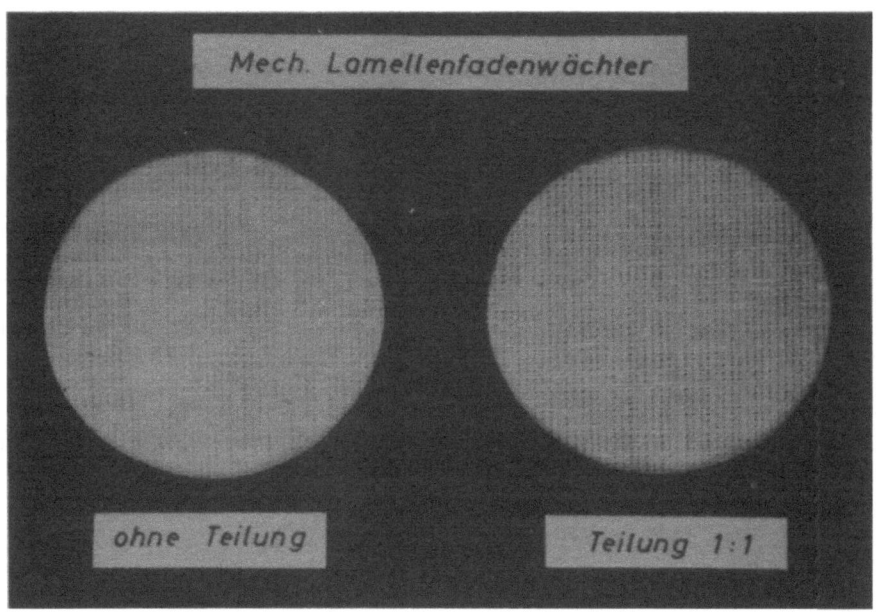

Abbildung 7

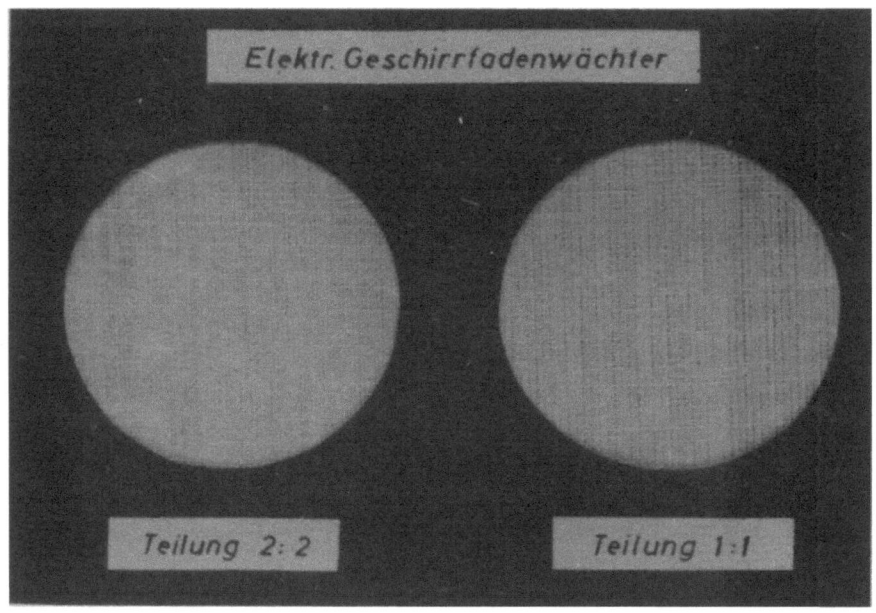

Abbildung 8

das Lösen von Garnunregelmäßigkeiten erschwert, die Fadenbruchhäufigkeit erhöht und zudem eine Paarigkeit der Ware gefördert. Daraus ergibt sich insbesondere bei Leinenketten der Vorteil des Arbeitens mit Einrichtungen bzw. Einstellungen, die eine Walke benachbarter Fäden herbeiführen bzw. fördern.

7. Beurteilung der Kettfadenwächtereinrichtungen

Für eine Gesamtbeurteilung der beiden geprüften Kettfadenwächtereinrichtungen wurden in den Tabellen 10 und 11 die in den vorhergehenden Abschnitten behandelten Versuchsergebnisse bei Baumwollgarn- und Flachsgarnverarbeitung zusammengefaßt.

Der Tabelle 10 ist zu entnehmen, daß für Baumwollketten ein elektrisches Kettfadenwächtergeschirr sich hinsichtlich der Kettfadenbruchfehllängen, Kettfadenbruchbehebungszeiten und der Kettfadenbruchhäufigkeit vorteilhaft anwenden läßt. Wenn auch der Gewebeausfall als schwach paarig bezeichnet werden mußte, so sollte dieser Umstand nicht überschätzt werden, da durch eine Veränderung in der Einstellung des Fachumtrittes, die bei der Versuchsdurchführung infolge Erhaltung einheitlicher Bedingungen natürlich nicht erfolgen durfte, bzw. durch eine Garnaufteilung 2:2 eine gefälligere Ware herzustellen gewesen wäre.

Tabelle 10

Gesamtübersicht für Baumwollkette

	Mech. Wächter ohne Teilung	Mech. Wächter 1:1 Teilung	Elektr. Wächter 1:1 Teilung
Fadenbruch-Fehllängen in Schuß	30,0	Keine Werte, da nur Gewebeprobe angefertigt	3,3
Fadenbruch-Behebungszeit in min	0,95		0,53
Fadenbr. je 100.000 Sch.	6,7		5,9
Gewebeausfall	geschlossen	stark paarig	schwach paarig

Die Versuchsdaten für Flachsgarnketten in Tabelle 11 weichen von den mit Baumwollkettgarnen gewonnenen Ergebnissen ab. Mit einem elektrischen Wächtergeschirr wurden in bezug auf die Kettfadenbruchfehllängen und Kettfadenbruchbehebungszeiten auch bei Flachsgarnen Vorteile festgestellt.

Die Kettfadenbruchhäufigkeit lag aber - verglichen mit dem mechanischen Lamellenwächter ohne Teilstabanordnung - beträchtlich höher, wenn mit elektrischem Geschirr und den dabei unerläßlichen Teilstäben gearbeitet wurde. Ein einwandfreier Gewebeausfall kann sowohl beim mechanischen als auch beim elektrischen Wächter erzielt werden. Eine gut geschlossene Ware, wie diese beim elektrischen Wächtergeschirr mit 2:2 Teilung vorgefunden wurde, dürfte auch beim mechanischen Wächter bei gleicher Garnaufteilung zu ermöglichen sein, allerdings müßte dabei eine erhöhte Kettfadenbruchhäufigkeit in Kauf genommen werden. Damit würde dann die Summe der Vorteile wiederum für das elektrische Kettfadenwächtergeschirr sprechen.

T a b e l l e   11

Gesamtübersicht für Flachsgarnkette

	Mech. Wächter		Elektr. Wächter	
	ohne Teilung	1:1 Teilung	1:1 Teilung	2:2 Teilung
Fadenbruch-Fehllängen in Schuß	8,9	Keine Werte, da nur Gewebeprobe angefertigt	1,7	4,9
Fadenbruch-Behebungszeit in min	0,50		0,47	0,49
Fadenbr. je 100.000 Sch.	48,2		80,6	62,4
Gewebeausfall	schwach paarig	stark paarig	schwach paarig	sehr geschlossen

Unbeabsichtigte Webstuhlabstellungen infolge durchhängender Kettfäden wurden beim elektrischen Kettfadenwächtergeschirr nicht häufiger festgestellt als beim mechanischen Lamellenwächter. Daß diese Abstellungen überhaupt auftraten, war auf einen Fehler beim Bäumen einer der Ketten zurückzuführen.

Das Neueinziehen von Webgeschirren ist beim Arbeiten mit einem Lamellenwächter und geschlossenen Lamellen gegenüber einem elektrischen Wächtergeschirr mit größerem Zeitaufwand verbunden.

Das vollständige Vorrichten von Webstühlen bei neuen Webketten (einschließlich Einhängen des Webgeschirrs) bringt beim elektrischen Wächtergeschirr im Vergleich zum Lamellenwächter ebenfalls Vereinfachungen mit sich, da Manipulationen mit Wächterlamellen entfallen.

Werden bei Kettwechsel gleiche Ketten wieder vorgerichtet und im Webstuhl angeknotet, sind - soweit geschlossene Lamellen verwendet werden - keinerlei zeitliche Unterschiede durch den einen oder anderen Wächter gegeben. Kettwechsel mit unterschiedlichen Kettfadenzahlen machen allerdings bei beiden Wächterarten Änderungen und damit besondere Aufwendungen erforderlich.

8. Verbesserungsvorschläge für den elektrischen Geschirrfadenwächter

Die in diesem Bericht niedergelegten Versuche und Beobachtungen sind im ganzen gesehen zugunsten des elektrischen Geschirrfadenwächters ausgefallen. Diese Vorteile beziehen sich auf das webtechnische Verhalten des Wächtergeschirrs. Es ist jedoch bereits angeklungen, daß die Ausführung der für die Versuche benutzten Einrichtung, die schon eine Modifizierung einer bei früheren Versuchen zum Einsatz gekommenen darstellt, noch manche Mängel aufwies, deren Abstellung erforderlich ist, um den elektrischen Geschirrfadenwächter zu einem brauchbaren Instrument in der Leinen- und Halbleinenweberei zu gestalten.

a) Technische Änderungen

Wie bereits bei der Besprechung des bei den Versuchen benutzten Kettfadenwächtergeschirrs zum Ausdruck gebracht, erwies sich die Ausführung der Schaftrahmen als unnötig schwer. Profile von 12 x 40 mm erscheinen für die außerhalb der Schwerweberei zu stellenden Anforderungen ausreichend. Dadurch kann nicht nur das untragbar hohe Gewicht vermieden, sondern auch die Stärke der Schäfte in wünschenswerter Weise verringert werden.

Für den Antrieb des Nockenkollektors sind feingliedrige Ketten fehl am Platze, da infolge Faserflugansammlungen ein Reißen und Wickeln solcher Ketten nur schwer verhindert werden kann. Es sind Ketten mit großer Teilung zu wählen bzw. Spezialketten, die unempfindlich gegenüber Faserflug sind.

b) Elektrische Änderungen

An Stelle des bisherigen, für hohe relative Luftfeuchtigkeiten kaum genügenden Kontaktschienen-Isolationsmaterials, bestehend aus mit Schellack behandeltem Vulkanfiber, wird eine Einbettung der Kontaktschienen in hochwertigere Isolierstoffe empfohlen, um Störungsquellen bei Nachlassen des Isolationswertes zu verhindern. Desgleichen sei vorgeschlagen, die Isolierstücke, die der Aufnahme der Kontaktschienen und der Bandkabelhalter dienen und zur Zeit aus Hartholz bestehen, durch solche aus hochwertigeren Materialien zu ersetzen.

Die leicht eintretende Oxydation der kupfernen Kontaktschienen kann angesichts der geringen zur Anwendung kommenden Stromstärken ein Ansprechen des Relais verhindern. Um dies zu vermeiden, müßten die Kontaktschienen und auch die oberen Teile der Spezialweblitzen vernickelt werden, so wie dies auch bei den Kontaktschienen und Lamellen für elektrische Lamellenwächter gehandhabt wird.

Die Verwendung feuchtigkeitsgeschützter Gehäuse für den Transformator, Unterbrecher bzw. Nockenschalter, Handausschalter, Abstellmagneten und für das Relais sind anzustreben. In diesem Falle wäre auch die Möglichkeit ausgeschaltet, daß sich im Unterbrecher- bzw. Nockenschaltergehäuse Faserflug, der zu Störungen Anlaß geben kann, absetzt.

Der Auswahl des im vorstehenden häufig genannten Relais zur Trennung von Steuer- und Arbeitsstromkreis ist besondere Aufmerksamkeit zu schenken. Über die erforderliche Empfindlichkeit wurden bereits Angaben gemacht. Ferner ist aber darauf zu achten, daß das Relais robust genug ist, um den Webstuhlerschütterungen Stand zu halten. Die elektrotechnischen Spezialfirmen haben derartige Geräte zur Verfügung. Der bei den Versuchen benutzte, der Spule parallel geschaltete Regelwiderstand ist in der Praxis natürlich nicht erforderlich. Die Magnetwicklung des Relais muß für den als richtig erkannten Ansprechstrom derart vorgesehen sein, daß ein sicheres Schalten beim Ansprechen gewährleistet ist[6].

c) Schaltung der Wächtereinrichtung

Für die Schaltung des elektrischen Geschirrfadenwächters schlagen wir eine Änderung vor, die zu einer Vereinfachung des Abstellmagneten führt, bei

---

6. Als ein geeignetes Gerät ist uns ein Siemens-Rundrelais Trls/6c bekannt, das in steckbarer Ausführung geliefert wird, die für Kontrollzwecke und dgl. von Vorteil sein kann

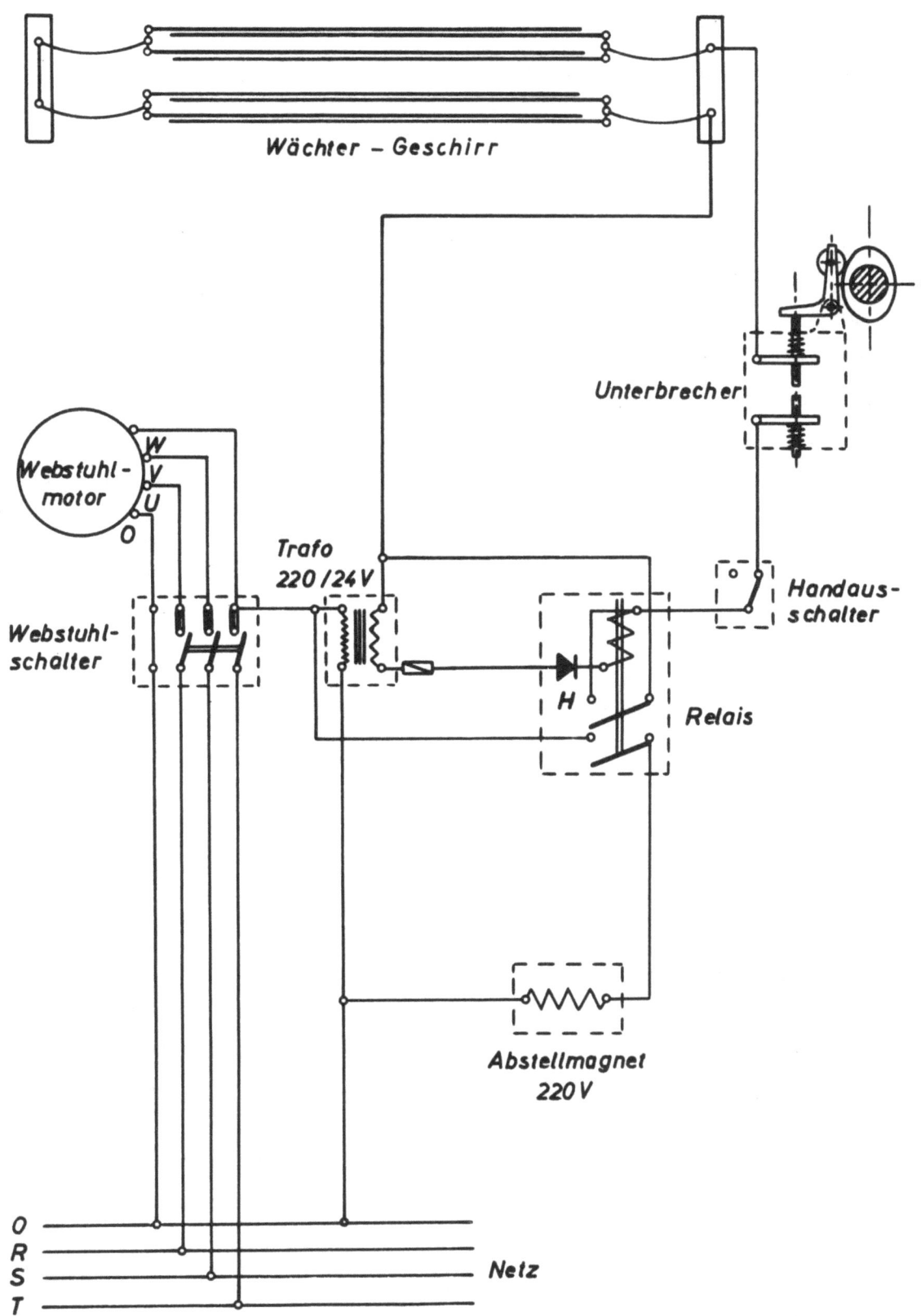

Abbildung 9
Elektr. Wächtergeschirr
Verbesserte Schaltung

dem Sperre, Hebevorrichtung und Unterbrecher wegfallen. Hierzu ist erforderlich, daß das Relais im Steuerstromkreis einen Haltekontakt H erhält (Abb. 9).

Die Arbeitsweise ist bei eingetretenem Kettfadenbruch zunächst die gleiche wie bei der bisherigen Schaltung bis zum Ansprechen des Relais und Anspringen des Abstellmagneten. Dieser wirkt auf den Ausrückhebel des Webstuhles, wobei eine der bekannten Verfahren der Bewegungsübertragung angewandt wird. Bis zur sicheren Abstellung des Stuhles sorgt der durch die Schließung des Kontaktes H wirksam gewordene Haltestromkreis für die Relaiswicklung dafür, daß der Magnet unabhängig von der Kontaktgabe an den Kontaktschienen erregt bleibt. Beim Ausrücken des Stuhles wird der Haltestromkreis geöffnet. Das Relais fällt ab und macht den Abstellmagneten stromlos.

Das neu vorgeschlagene Schema macht somit eine bedeutsame Vereinfachung des Abstellmechanismus möglich.

V. Zusammenfassung

Über die Arbeitsweise und Erprobung eines elektrischen Geschirrfadenwächters wird berichtet, der auf Grund früher durchgeführter Versuche (Untersuchungsarbeiten zur Verbesserung des Leinenwebstuhles III, "Das Verhalten verschiedener Kettfadenwächtersysteme", Mai 1953) verbessert wurde.

Mit einer Flachsgarn- und einer Baumwollgarnkette wurden vergleichende Untersuchungen zwischen dem weiterentwickelten elektrischen Geschirrfadenwächter und einem in der Leinenweberei üblichen mechanischen Lamellenwächter vorgenommen. Die Versuche erfolgten bei extrem hoher relativer Luftfeuchtigkeit. Zur Beurteilung der Arbeitsweise der beiden Kettfadenwächter wurden die entstandenen Fadenfehllängen (Schußzahl zwischen Fadenbruch und Abstellung), die Fadenbruchhäufigkeiten und die Fadenbruchbehebungszeiten herangezogen. Die mit dem Kettfadenwächter in engem Zusammenhang stehenden Fragen der Garnaufteilung, sei es allein durch die Lamellen des mechanischen Kettfadenwächters oder durch unterschiedliche Teilstabanordnungen, wurden ebenfalls untersucht, wobei außer der Kettfadenbruchhäufigkeit auch die Auswirkung auf den Gewebeausfall berücksichtigt wurde.

Zusammenfassend kann gesagt werden, daß ein elektrischer Geschirrfadenwächter hinsichtlich der Erfassung von Kettfadenbrüchen gegenüber einem mechanischen Lamellenwächter erhebliche Vorteile bieten kann. Die Fadenbruchbehebungszeiten erwiesen sich bei dem elektrischen Wächtergeschirr als kürzer, allerdings ist das Suchen des gebrochenen Fadens erschwert.

Um den elektrischen Geschirrfadenwächter zu einem zuverlässigen Instrument in der Leinen- und Halbleinenweberei zu gestalten und seine Vorteile ausnützen zu können, bedarf es noch einiger Änderungen seiner bisherigen Ausführung in bezug auf mechanische und elektrische Ausgestaltung. Die diesbezüglichen Angaben sind in dem Bericht enthalten.

Die Prüfung der Garnaufteilungen ergab eine sehr unterschiedliche Auswirkung auf die Kettfadenbruchhäufigkeit und den Gewebeausfall. Die Kettfadenbruchhäufigkeit lag am günstigsten ohne Teilstäbe, die am besten geschlossene Ware ergab sich bei einer Garnaufteilung 2:2.

Die Versuche wurden in der Weberei der Firma Carl Weber & Co. G.m.b.H., Oerlinghausen, durchgeführt. Für die Zurverfügungstellung ihrer Einrichtungen und für die Unterstützung bei den Arbeiten sei dieser Firma hiermit gedankt. Ebenso danken wir der Firma C.C. Egelhaaf, Reutlingen-Betzingen, die uns für die Versuchszwecke ein besonders kontruiertes elektrisches Wächtergeschirr leihweise zur Verfügung stellte.

FORSCHUNGSBERICHTE DES WIRTSCHAFTS- UND VERKEHRSMINISTERIUMS NORDRHEIN-WESTFALEN

Herausgegeben von Staatssekretär Prof. Dr. h. c. Leo Brandt

HEFT 1
Prof. Dr.-Ing. E. Flegler, Aachen
Untersuchungen oxydischer Ferromagnet-Werkstoffe
1952, 20 Seiten, DM 6,75

HEFT 2
Prof. Dr. W. Fuchs, Aachen
Untersuchungen über absatzfreie Teeröle
1952, 32 Seiten, 5 Abb., 6 Tabellen, DM 10,—

HEFT 3
Techn.-Wissenschaftl. Büro für die Bastfaserindustrie, Bielefeld
Untersuchungsarbeiten zur Verbesserung des Leinenwebstuhls
1952, 44 Seiten, 7 Abb., 3 Tabellen, DM 12,50

HEFT 4
Prof. Dr. E. A. Müller und Dipl.-Ing. H. Spitzer, Dortmund
Untersuchungen über die Hitzebelastung in Hüttenbetrieben
1952, 28 Seiten, 5 Abb., 1 Tabelle, DM 9,—

HEFT 5
Dipl.-Ing. W. Fister, Aachen
Prüfstand der Turbinenuntersuchungen
1952, 40 Seiten, 30 Abb., 3 Schaltbilder, DM 1,—

HEFT 6
Prof. Dr. W. Fuchs, Aachen
Untersuchungen über die Zusammensetzung und Verwendbarkeit von Schwelteerfraktionen
1952, 36 Seiten, DM 10,50

HEFT 7
Prof. Dr. W. Fuchs, Aachen
Untersuchungen über emsländisches Petrolatum
1952, 36 Seiten, 1 Abb., 17 Tabellen, DM 10,50

HEFT 8
M. E. Meffert und H. Stratmann, Essen
Algen-Großkulturen im Sommer 1951
1953, 52 Seiten, 4 Abb., 20 Tabellen, DM 9,75

HEFT 9
Techn.-Wissenschaftl. Büro für die Bastfaserindustrie, Bielefeld
Untersuchungen über die zweckmäßige Wicklungsart von Leinengarnkreuzspulen unter Berücksichtigung der Anwendung hoher Geschwindigkeiten des Garnes
Vorversuche für Zetteln und Schären von Leinengarnen auf Hochleistungsmaschinen
1952, 48 Seiten, 7 Abb., 7 Tabellen, DM 9,25

HEFT 10
Prof. Dr. W. Vogel, Köln
„Das Streifenpaar" als neues System zur mechanischen Vergrößerung kleiner Verschiebungen und seine technischen Anwendungsmöglichkeiten
1953, 20 Seiten, 6 Abb., DM 4,50

HEFT 11
Laboratorium für Werkzeugmaschinen und Betriebslehre, Technische Hochschule Aachen
1. Untersuchungen über Metallbearbeitung im Fräsvorgang mit Hartmetallwerkzeugen und negativem Spanwinkel
2. Weiterentwicklung des Schleifverfahrens für die Herstellung von Präzisionswerkstücken unter Vermeidung hoher Temperaturen
3. Untersuchung von Oberflächenveredelungsverfahren zur Steigerung der Belastbarkeit hochbeanspruchter Bauteile
1953, 80 Seiten, 61 Abb., DM 15,75

HEFT 12
Elektrowärme-Institut, Langenberg (Rhld.)
Induktive Erwärmung mit Netzfrequenz
1952, 22 Seiten, 6 Abb., DM 5,20

HEFT 13
Techn.-Wissenschaftl. Büro für die Bastfaserindustrie, Bielefeld
Das Naßspinnen von Bastfasergarnen mit chemischen Zusätzen zum Spinnbad
1953, 52 Seiten, 4 Abb., 19 Tabellen, DM 10,—

HEFT 14
Forschungsstelle für Acetylen, Dortmund
Untersuchungen über Aceton als Lösungsmittel für Acetylen
1952, 64 Seiten, 10 Abb., 26 Tabellen, DM 12,25

HEFT 15
Wäschereiforschung Krefeld
Trocknen von Wäschestoffen
1953, 48 Seiten, 14 Abb., 2 Tabellen, DM 9,—

HEFT 16
Max-Planck-Institut für Kohlenforschung, Mülheim a. d. Ruhr
Arbeiten des MPI für Kohlenforschung
1953, 104 Seiten, 9 Abb., DM 17,80

HEFT 17
Ingenieurbüro Herbert Stein, M.-Gladbach
Untersuchung der Verzugsvorgänge in den Streckwerken verschiedener Spinnereimaschinen. 1. Bericht: Vergleichende Prüfung mit verschiedenen Dickenmeßgeräten
1952, 36 Seiten, 15 Abb., DM 8,—

HEFT 18
Wäschereiforschung Krefeld
Grundlagen zur Erfassung der chemischen Schädigung beim Waschen
1953, 68 Seiten, 15 Abb., 15 Tabellen, DM 12,75

HEFT 19
Techn.-Wissenschaftl. Büro für die Bastfaserindustrie, Bielefeld
Die Auswirkung des Schlichtens von Leinengarnketten auf den Verarbeitungswirkungsgrad, sowie die Festigkeit und Dehnungsverhältnisse der Garne und Gewebe
1953, 48 Seiten, 1 Abb., 9 Tabellen, DM 9,—

HEFT 20
Techn.-Wissenschaftl. Büro für die Bastfaserindustrie, Bielefeld
Trocknung von Leinengarnen I
Vorgang und Einwirkung auf die Garnqualität
1953, 62 Seiten, 18 Abb., 5 Tabellen, DM 12,—

HEFT 21
Techn.-Wissenschaftl. Büro für die Bastfaserindustrie, Bielefeld
Trocknung von Leinengarnen II
Spulenanordnung und Luftführung beim Trocknen von Kreuzspulen
1953, 66 Seiten, 22 Abb., 9 Tabellen, DM 13,—

HEFT 22
Techn.-Wissenschaftl. Büro für die Bastfaserindustrie, Bielefeld
Die Reparaturanfälligkeit von Webstühlen
1953, 28 Seiten, 7 Abb., 5 Tabellen, DM 5,80

HEFT 23
Institut für Starkstromtechnik, Aachen
Rechnerische und experimentelle Untersuchungen zur Kenntnis der Metadyne als Umformer von konstanter Spannung auf konstanten Strom
1953, 52 Seiten, 20 Abb., 4 Tafeln, DM 9,75

HEFT 24
Institut für Starkstromtechnik, Aachen
Vergleich verschiedener Generator-Metadyne-Schaltungen in bezug auf statisches Verhalten
1952, 44 Seiten, 23 Abb., DM 8,50

HEFT 25
Gesellschaft für Kohlentechnik mbH., Dortmund-Eving
Struktur der Steinkohlen und Steinkohlen-Kokse
1953, 58 Seiten, DM 11,—

HEFT 26
Techn.-Wissenschaftl. Büro für die Bastfaserindustrie, Bielefeld
Vergleichende Untersuchungen zweier neuzeitlicher Ungleichmäßigkeitsprüfer für Bänder und Garne hinsichtlich ihrer Eignung für die Bastfaserspinnerei
1953, 64 Seiten, 30 Abb., DM 12,50

HEFT 27
Prof. Dr. E. Schratz, Münster
Untersuchungen zur Rentabilität des Arzneipflanzenanbaues Römische Kamille, Anthemis nobilis L.
1953, 16 Seiten, 1 Tabelle, DM 3,60

HEFT 28
Prof. Dr. E. Schratz, Münster
Calendula officinalis L. Studien zur Ernährung, Blütenfüllung und Rentabilität der Drogengewinnung
1953, 24 Seiten, 2 Abb., 3 Tabellen, DM 5,20

HEFT 29
Techn.-Wissenschaftl. Büro für die Bastfaserindustrie, Bielefeld
Die Ausnützung der Leinengarne in Geweben
1953, 100 Seiten, 14 Abb., 10 Tabellen, DM 17,80

HEFT 30
Gesellschaft für Kohlentechnik mbH., Dortmund-Eving
Kombinierte Entaschung und Verschwelung von Steinkohle; Aufarbeitung von Steinkohlenschlämmen zu verkokbarer oder verschwelbarer Kohle
1953, 56 Seiten, 16 Abb., 10 Tabellen, DM 10,50

HEFT 31
Dipl.-Ing. A. Stormanns, Essen
Messung des Leistungsbedarfs von Doppelsteg-Kettenförderern
1954, 54 Seiten, 18 Abb., 3 Anlagen, DM 11,—

HEFT 32
Techn.-Wissenschaftl. Büro für die Bastfaserindustrie, Bielefeld
Der Einfluß der Natriumchloridbleiche auf Qualität und Verwebbarkeit von Leinengarnen und die Eigenschaften der Leinengewebe unter besonderer Berücksichtigung des Einsatzes von Schützen- und Spulenwechselautomaten in der Leinenweberei
1953, 64 Seiten, 2 Abb., 12 Tabellen, DM 11,50

HEFT 33
Kohlenstoffbiologische Forschungsstation e. V.
Eine Methode zur Bestimmung von Schwefeldioxyd und Schwefelwasserstoff in Rauchgasen und in der Atmosphäre
1953, 32 Seiten, 8 Abb., 3 Tabellen, DM 6,50

HEFT 34
Textilforschungsanstalt Krefeld
Quellungs- und Entquellungsvorgänge bei Faserstoffen
1953, 52 Seiten, 13 Abb., 13 Tabellen, DM 9,80

Springer Fachmedien Wiesbaden GmbH

HEFT 35
Professor Dr. W. Kast, Krefeld
Feinstrukturuntersuchungen an künstlichen Zellulosefasern verschiedener Herstellungsverfahren. Teil I: Der Orientierungszustand
1953, 74 Seiten, 30 Abb., 7 Tabellen, DM 13,80

HEFT 36
Forschungsinstitut der feuerfesten Industrie, Bonn
Untersuchungen über die Trocknung von Rohton
Untersuchungen über die chemische Reinigung von Silika- und Schamotte-Rohstoffen mit chlorhaltigen Gasen
1953, 60 Seiten, 5 Abb., 5 Tabellen, DM 11,—

HEFT 37
Forschungsinstitut der feuerfesten Industrie, Bonn
Untersuchungen über den Einfluß der Probenvorbereitung auf die Kaltdruckfestigkeit feuerfester Steine
1953, 40 Seiten, 2 Abb., 5 Tabellen, DM 7,80

HEFT 38
Forschungsstelle für Acetylen, Dortmund
Untersuchungen über die Trocknung von Acetylen zur Herstellung von Dissousgas
1953, 36 Seiten, 11 Abb., 3 Tabellen, DM 6,80

HEFT 39
Forschungsgesellschaft Blechverarbeitung e. V., Düsseldorf
Untersuchungen an prägegemusterten und vorgelochten Blechen
1953, 46 Seiten, 34 Abb., DM 9,50

HEFT 40
*Landesgeologe Dr.-Ing. W. Wolff,
Amt für Bodenforschung, Krefeld*
Untersuchungen über die Anwendbarkeit geophysikalischer Verfahren zur Untersuchung von Spateisengängen im Siegerland
1953, 46 Seiten, 8 Abb., DM 8,80

HEFT 41
Techn.-Wissenschaftl. Büro für die Bastfaserindustrie, Bielefeld
Untersuchungsarbeiten zur Verbesserung des Leinenwebstuhles II
1953, 40 Seiten, 4 Abb., 5 Tabellen, DM 7,80

HEFT 42
Professor Dr. B. Helferich, Bonn
Untersuchungen über Wirkstoffe — Fermente — in der Kartoffel und die Möglichkeit ihrer Verwendung
1953, 58 Seiten, 9 Abb., DM 11,—

HEFT 43
Forschungsgesellschaft Blechverarbeitung e. V., Düsseldorf
Forschungsergebnisse über das Beizen von Blechen
1953, 48 Seiten, 38 Abb., 2 Tabellen, DM 11,30

HEFT 44
Arbeitsgemeinschaft für praktische Dehnungsmessung, Düsseldorf
Eigenschaften und Anwendungen von Dehnungsmeßstreifen
1953, 68 Seiten, 43 Abb., 2 Tabellen, DM 13,70

HEFT 45
Losenhausenwerk Düsseldorfer Maschinenbau AG., Düsseldorf
Untersuchungen von störenden Einflüssen auf die Lastgrenzenanzeige von Dauerschwingprüfmaschinen
1953, 36 Seiten, 11 Abb., 3 Tabellen, DM 7,25

HEFT 46
Prof. Dr. W. Fuchs, Aachen
Untersuchungen über die Aufbereitung von Wasser für die Dampferzeugung in Benson-Kesseln
1953, 58 Seiten, 18 Abb., 9 Tabellen, DM 11,20

HEFT 47
Prof. Dr.-Ing. K. Krekeler, Aachen
Versuche über die Anwendung der induktiven Erwärmung zum Sintern von hochschmelzenden Metallen sowie zur Anlegierung und Vergütung von aufgespritzten Metallschichten mit dem Grundwerkstoff
1954, 66 Seiten, 39 Abb., DM 13,90

HEFT 48
Max-Planck-Institut für Eisenforschung, Düsseldorf
Spektrochemische Analyse der Gefügebestandteile in Stählen nach ihrer Isolierung
1953, 38 Seiten, 8 Abb., 5 Tabellen, DM 7,80

HEFT 49
Max-Planck-Institut für Eisenforschung, Düsseldorf
Untersuchungen über Ablauf der Desoxydation und die Bildung von Einschlüssen in Stählen
1953, 52 Seiten, 19 Abb., 3 Tabellen, DM 12,40

HEFT 50
Max-Planck-Institut für Eisenforschung, Düsseldorf
Flammenspektralanalytische Untersuchung der Ferritzusammensetzung in Stählen
1953, 44 Seiten, 15 Abb., 4 Tabellen, DM 8,60

HEFT 51
Verein zur Förderung von Forschungs- und Entwicklungsarbeiten in der Werkzeugindustrie e. V., Remscheid
Untersuchungen an Kreissägeblättern für Holz, Fehler- und Spannungsprüfverfahren
1953, 50 Seiten, 23 Abb., DM 10,—

HEFT 52
Forschungsstelle für Acetylen, Dortmund
Untersuchungen über den Umsatz bei der explosiblen Zersetzung von Azetylen
a) Zersetzung von gasförmigem Azetylen
b) Zersetzung von an Silikagel absorbiertem Azetylen
1954, 48 Seiten, 8 Abb., 10 Tabellen, DM 9,25

HEFT 53
Professor Dr.-Ing. H. Opitz, Aachen
Reibwert und Verschleißmessungen an Kunststoffgleitführungen für Werkzeugmaschinen
1954, 38 Seiten, 18 Abb., DM 8,20

HEFT 54
Professor Dr.-Ing. F. A. F. Schmidt, Aachen
Schaffung von Grundlagen für die Erhöhung der spez. Leistung und Herabsetzung des spez. Brennstoffverbrauches bei Ottomotoren mit Teilbericht über Arbeiten an einem neuen Einspritzverfahren
1954, 34 Seiten, 15 Abb., DM 7,40

HEFT 55
Forschungsgesellschaft Blechverarbeitung e. V., Düsseldorf
Chemisches Glänzen von Messing und Neusilber
1954, 50 Seiten, 21 Abb., 1 Tabelle, DM 10,20

HEFT 56
Forschungsgesellschaft Blechverarbeitung e. V., Düsseldorf
Untersuchungen über einige Probleme der Behandlung von Blechoberflächen
1954, 52 Seiten, 42 Abb., DM 11,20

HEFT 57
Prof. Dr.-Ing. F. A. F. Schmidt, Aachen
Untersuchungen zur Erforschung des Einflusses des chemischen Aufbaues des Kraftstoffes auf sein Verhalten im Motor und in Brennkammern von Gasturbinen
1954, 70 Seiten, 32 Abb., DM 14,60

HEFT 58
Gesellschaft für Kohlentechnik mbH., Dortmund
Herstellung und Untersuchung von Steinkohlenschwelteer
1954, 74 Seiten, 9 Abb., 9 Tabellen, DM 13,75

HEFT 59
Forschungsinstitut der Feuerfest-Industrie e. V., Bonn
Ein Schnellanalysenverfahren zur Bestimmung von Aluminiumoxyd, Eisenoxyd und Titanoxyd in feuerfestem Material mittels organischer Farbreagenzien auf photometrischem Wege
Untersuchungen des Alkali-Gehaltes feuerfester Stoffe mit dem Flammenphotometer nach Riehm-Lange
1954, 62 Seiten, 12 Abb., 3 Tabellen, DM 11,60

HEFT 60
Forschungsgesellschaft Blechverarbeitung e. V., Düsseldorf
Untersuchungen über das Spritzlackieren im elektrostatischen Hochspannungsfeld
1954, 82 Seiten, 53 Abb., 7 Tabellen, DM 17,—

HEFT 61
Verein zur Förderung von Forschungs- und Entwicklungsarbeiten in der Werkzeugindustrie e. V., Remscheid
Schwingungs- und Arbeitsverhalten von Kreissägeblättern für Holz
1954, 54 Seiten, 31 Abb., DM 11,40

HEFT 62
Professor Dr. W. Franz, Institut für theoretische Physik der Universität Münster
Berechnung des elektrischen Durchschlags durch feste und flüssige Isolatoren
1954, 36 Seiten, DM 7,—

HEFT 63
Textilforschungsanstalt Krefeld
Neue Methoden zur Untersuchung der Wirkungsweise von Textilhilfsmitteln
Untersuchungen über Schlichtungs- und Entschlichtungsvorgänge
1954, 34 Seiten, 1 Abb., 5 Tabellen, DM 6,80

HEFT 64
Textilforschungsanstalt Krefeld
Die Kettenlängenverteilung von hochpolymeren Faserstoffen
Über die fraktionierte Fällung von Polyamiden
1954, 44 Seiten, 13 Abb., DM 8,60

HEFT 65
Fachverband Schneidwarenindustrie, Solingen
Untersuchungen über das elektrolytische Polieren von Tafelmesserklingen aus rostfreiem Stahl
1954, 90 Seiten, 38 Abb., 9 Tabellen, DM 17,35

HEFT 66
Dr.-Ing. P. Füsgen VDI †, Düsseldorf
Untersuchungen über das Auftreten des Ratterns bei selbsthemmenden Schneckengetrieben und seine Verhütung
1954, 32 Seiten, 5 Abb., DM 6,60

HEFT 67
Heinrich Wösthoff o. H. G., Apparatebau, Bochum
Entwicklung einer chemisch-physikalischen Apparatur zur Bestimmung kleinster Kohlenoxyd-Konzentrationen
1954, 94 Seiten, 48 Abb., 2 Tabellen, DM 18,25

HEFT 68
Kohlenstoffbiologische Forschungsstation e. V., Essen
Algengroßkulturen im Sommer 1952
II. Über die unsterile Großkultur von Scenedesmus obliquus
1954, 62 Seiten, 3 Abb., 29 Tabellen, DM 11,40

HEFT 69
Wäschereiforschung Krefeld
Bestimmung des Faserabbaues bei Leinen unter besonderer Berücksichtigung der Leinengarnbleiche
1954, 48 Seiten, 15 Abb., 3 Tabellen, DM 9,60

HEFT 70
Wäschereiforschung Krefeld
Trocknen von Wäschestoffen
1954, 52 Seiten, 18 Abb., 3 Tabellen, DM 10,—

HEFT 71
Prof. Dr.-Ing. K. Leist, Aachen
Kleingasturbinen, insbesondere zum Fahrzeugantrieb
1954, 114 Seiten, 85 Abb., DM 22,—

HEFT 72
Prof. Dr.-Ing. K. Leist, Aachen
Beitrag zur Untersuchung von stehenden geraden Turbinengittern mit Hilfe von Druckverteilungsmessungen
1954, 152 Seiten, 111 Abb., DM 36,20

HEFT 73
Prof. Dr.-Ing. K. Leist, Aachen
Spannungsoptische Untersuchungen von Turbinenschaufelfüßen
1954, 66 Seiten, 46 Abb., 2 Tabellen, DM 14,60

HEFT 74
Max-Planck-Institut für Eisenforschung, Düsseldorf
Versuche zur Klärung des Umwandlungsverhaltens eines sonderkarbidbildenden Chromstahls
1954, 58 Seiten, 10 Abb., DM 14,—

HEFT 75
Max-Planck-Institut für Eisenforschung, Düsseldorf
Zeit-Temperatur-Umwandlungs-Schaubilder als Grundlage der Wärmebehandlung der Stähle
1954, 44 Seiten, 13 Abb., DM 8,70

HEFT 76
Max-Planck-Institut für Arbeitsphysiologie, Dortmund
Arbeitstechnische und arbeitsphysiologische Rationalisierung von Mauersteinen
1954, 52 Seiten, 12 Abb., 3 Tabellen, DM 10,20

HEFT 77
Meteor Apparatebau Paul Schmeck GmbH., Siegen
Entwicklung von Leuchtstoffröhren hoher Leistung
1954, 46 Seiten, 12 Abb., 2 Tabellen, DM 9,15

HEFT 78
Forschungsstelle für Acetylen, Dortmund
Über die Zustandsgleichung des gasförmigen Acetylens und das Gleichgewicht Acetylen — Aceton
1954, 42 Seiten, 3 Abb., 8 Tabellen, DM 8,—

HEFT 79
Techn.-Wissenschaftl. Büro für die Bastfaserindustrie, Bielefeld
Trocknung von Leinengarnen III
Spinnspulen- und Spinnkopstrocknung
Vorgang und Einwirkung auf die Garnqualität
1954, 74 Seiten, 18 Abb., 10 Tabellen, DM 14,—

Springer Fachmedien Wiesbaden GmbH

HEFT 80
Techn.-Wissenschaftl. Büro für die Bastfaserindustrie, Bielefeld
Die Verarbeitung von Leinengarn auf Webstühlen mit und ohne Oberbau
1954, 30 Seiten, 2 Abb., 2 Tabellen, DM 6,—

HEFT 81
Prüf- und Forschungsinstitut für Ziegeleierzeugnisse, Essen-Kray
Die Einführung des großformatigen Einheits-Gitterziegels im Lande Nordrhein-Westfalen
1954, 54 Seiten, 2 Abb., 2 Tabellen, DM 10,—

HEFT 82
Vereinigte Aluminium-Werke AG., Bonn
Forschungsarbeiten auf dem Gebiet der Veredelung von Aluminium-Oberflächen
1954, 46 Seiten, 34 Abb., DM 9,60

HEFT 83
Prof. Dr. S. Strugger, Münster
Über die Struktur der Proplastiden
1954, 30 Seiten, 15 Abb., DM 8,40

HEFT 84
Dr. H. Baron, Düsseldorf
Über Standardisierung von Wundtextilien
1954, 32 Seiten, DM 6,40

HEFT 85
Textilforschungsanstalt Krefeld
Physikalische Untersuchungen an Fasern, Fäden, Garnen und Geweben:
Untersuchungen am Knickscheuergerät nach Weltzien
1954, 40 Seiten, 11 Abb., 8 Tabellen, DM 10,—

HEFT 86
Prof. Dr.-Ing. H. Opitz, Aachen
Untersuchungen über das Fräsen von Baustahl sowie über den Einfluß des Gefüges auf die Zerspanbarkeit
1954, 108 Seiten, 73 Abb., 7 Tabellen, DM 22,—

HEFT 87
Gemeinschaftsausschuß Verzinken, Düsseldorf
Untersuchungen über Güte von Verzinkungen
1954, 68 Seiten, 56 Abb., 3 Tabellen, DM 15,30

HEFT 88
Gesellschaft für Kohlentechnik mbH., Dortmund-Eving
Oxydation von Steinkohle mit Salpetersäure
1954, 62 Seiten, 2 Abb., 1 Tabelle, DM 11,50

HEFT 89
Verein Deutscher Ingenieure, Gleitlagerforschung, Düsseldorf und Prof. Dr.-Ing. G. Vogelpohl, Göttingen
Versuche mit Preßstoff-Lagern für Walzwerke
1954, 70 Seiten, 34 Abb., DM 14,10

HEFT 90
Forschungs-Institut der Feuerfest-Industrie, Bonn
Das Verhalten von Silikasteinen im Siemens-Martin-Ofengewölbe
1954, 62 Seiten, 15 Abb., 11 Tabellen, DM 11,90

HEFT 91
Forschungs-Institut der Feuerfest-Industrie, Bonn
Untersuchungen des Zusammenhangs zwischen Leistung und Kohlenverbrauch von Kammeröfen zum Brennen von feuerfesten Materialien
1954, 42 Seiten, 6 Abb., DM 8,30

HEFT 92
Techn.-Wissenschaftl. Büro für die Bastfaserindustrie, Bielefeld und Laboratorium für textile Meßtechnik, M.-Gladbach
Messungen von Vorgängen am Webstuhl
1954, 76 Seiten, 45 Abb., DM 15,50

HEFT 93
Prof. Dr. W. Kast, Krefeld
Spinnversuche zur Strukturerfassung künstlicher Zellulosefasern
1954, 82 Seiten, 39 Abb., 6 Tabellen, DM 16,—

HEFT 94
Prof. Dr. G. Winter, Bonn
Die Heilpflanzen des MATTHIOLUS (1611) gegen Infektionen der Harnwege und Verunreinigung der Wunden bzw. zur Förderung der Wundheilung im Lichte der Antibiotikaforschung
1954, 58 Seiten, 1 Abb., 2 Tabellen, DM 11,50

HEFT 95
Prof. Dr. G. Winter, Bonn
Untersuchungen über die flüchtigen Antibiotika aus der Kapuziner- (Tropaeolum maius) und Gartenkresse (Lepidium sativum) und ihr Verhalten im menschlichen Körper bei Aufnahme von Kapuziner- bzw. Gartenkressensalat per os
1955, 74 Seiten, 9 Abb., 25 Tabellen, DM 14,—

HEFT 96
Dr.-Ing. P. Koch, Dortmund
Austritt von Exoelektronen aus Metalloberflächen unter Berücksichtigung der Verwendung des Effektes für die Materialprüfung
1954, 34 Seiten, 13 Abb., DM 7,—

HEFT 97
Ing. H. Stein, Laboratorium für textile Meßtechnik, M.-Gladbach
Untersuchung der Verzugsvorgänge an den Streckwerken verschiedener Spinnereimaschinen
2. Bericht: Ermittlung der Haft-Gleiteigenschaften von Faserbändern und Vorgarnen
1955, 98 Seiten, 54 Abb., DM 21,—

HEFT 98
Fachverband Gesenkschmieden, Hagen
Die Arbeitsgenauigkeit beim Gesenkschmieden unter Hämmern
1955, 132 Seiten, 55 Abb., 9 Tabellen, DM 24,75

HEFT 99
Prof. Dr.-Ing. G. Garbotz, Aachen
Der Kraft- und Arbeitsaufwand sowie die Leistungen beim Biegen von Bewehrungsstählen in Abhängigkeit von den Abmessungen, den Formen und der Güte der Stähle (Ermittlung von Leistungsrichtlinien)
1955, 136 Seiten, 53 Abb., 3 Anlagen, 18 Tabellen, DM 30,—

HEFT 100
Prof. Dr.-Ing. H. Opitz, Aachen
Untersuchungen von elektrischen Antrieben, Steuerungen und Regelungen an Werkzeugmaschinen
1955, 166 Seiten, 71 Abb., 3 Tabellen, DM 31,30

HEFT 101
Prof. Dr.-Ing. H. Opitz, Aachen
Wirtschaftlichkeitsbetrachtungen beim Außenrundschleifen
1955, 100 Seiten, 56 Abb., 3 Tabellen, DM 19,30

HEFT 102
Dr. P. Hölemann, Ing. R. Hasselmann und Ing. G. Dix, Dortmund
Untersuchungen über die thermische Zündung von explosiblen Acetylenzersetzungen in Kapillaren
1954, 44 Seiten, 5 Abb., 4 Tabellen, DM 8,60

HEFT 103
Prof. Dr. W. Weizel, Bonn
Durchführung von experimentellen Untersuchungen über den zeitlichen Ablauf von Funken in komprimierten Edelgasen sowie zu deren mathematischen Berechnung
1955, 46 Seiten, 12 Abb., DM 9,10

HEFT 104
Prof. Dr. W. Weizel, Bonn
Über den Einfluß der Elektroden auf die Eigenschaften von Cadmium-Sulfid-Widerstands-Photozellen
1955, 48 Seiten, 12 Abb., DM 9,45

HEFT 105
Dr.-Ing. R. Meldau, Harsewinkel/Westf.
Auswertung von Gekörn — Analysen des Musterstaubes „Flugasche Fortuna I"
1955, 42 Seiten, 14 Abb., DM 8,50

HEFT 106
ORR. Dr.-Ing. W. Küch, Dortmund
Untersuchungen über die Einwirkung von feuchtigkeitsgesättigter Luft auf die Festigkeit von Leimverbindungen
1954, 60 Seiten, 10 Abb., 6 Tabellen, DM 11,40

HEFT 107
Prof. Dr. H. Lange und Dipl.-Phys. P. St. Pütter, Köln
Über die Konstruktion von Laboratoriumsmagneten
1955, 66 Seiten, 19 Abb., 1 Tabelle, DM 12,30

HEFT 108
Prof. Dr. W. Fuchs, Aachen
Untersuchungen über neue Beizmethoden und Beizabwässer
I. Die Entzunderung von Drähten mit Natriumhydrid
II. Die Aufbereitung von Beizabwässern
1955, 82 S., 15 Abb., 14 Tabellen, 1 Falttafel, DM 15,25

HEFT 109
Dr. P. Hölemann und Ing. R. Hasselmann, Dortmund
Untersuchungen über die Löslichkeit von Azetylen in verschiedenen organischen Lösungsmitteln
1954, 42 Seiten, 10 Abb., 8 Tabellen, DM 8,30

HEFT 110
Dr. P. Hölemann und Ing. R. Hasselmann, Dortmund
Untersuchungen über den Druckverlauf bei der explosiblen Zersetzung von gasförmigem Azetylen
1955, 54 Seiten, 10 Abb., 5 Tabellen, DM 11,—

HEFT 111
Fachverband Steinzeugindustrie, Köln
Die Entwicklung eines Gerätes zur Beschickung seitlicher Feuer von Steinzeug-Einzelkammeröfen mit festen Brennstoffen
1955, 46 Seiten, 16 Abb., DM 9,40

HEFT 112
Prof. Dr.-Ing. H. Opitz, Aachen
Verschleißmessungen beim Drehen mit aktivierten Hartmetallwerkzeugen
1954, 44 Seiten, 17 Abb., 6 Tabellen, DM 8,80

HEFT 113
Prof. Dr. O. Graf, Dortmund
Erforschung der geistigen Ermüdung und nervösen Belastung: Studien über die vegetative 24-Stunden-Rhythmik in Ruhe und unter Belastung
1955, 40 Seiten, 12 Abb., DM 8,20

HEFT 114
Prof. Dr. O. Graf, Dortmund
Studien über Fließarbeitsprobleme an einer praxisnahen Experimentieranlage
1954, 34 Seiten, 6 Abb., DM 7,—

HEFT 115
Prof. Dr. O. Graf, Dortmund
Studium über Arbeitspausen in Betrieben bei freier und zeitgebundener Arbeit (Fließarbeit) und ihre Auswirkung auf die Leistungsfähigkeit
1955, 50 Seiten, 13 Abb., 2 Tabellen, DM 9,80

HEFT 116
Prof. Dr.-Ing. E. Siebel und Dr.-Ing. H. Weiss, Stuttgart
Untersuchungen an einigen Problemen des Tiefziehens — I. Teil
1955, 74 Seiten, 50 Abb., 5 Tabellen, DM 14,50

HEFT 117
Dr.-Ing. H. Beißwänger, Stuttgart, und Dr.-Ing. S. Schwandt, Trier
Untersuchungen an einigen Problemen des Tiefziehens — II. Teil
1955, 92 Seiten, 34 Abb., 8 Tabellen, DM 17,70

HEFT 118
Prof. Dr. E. A. Müller und Dr. H. G. Wenzel, Dortmund
Neuartige Klima-Anlage zur Erzeugung ungleicher Luft- und Strahlungstemperaturen in einem Versuchsraum
1955, 68 Seiten, 10 z. T. mehrfarb. Abb., DM 14,—

HEFT 119
Dr.-Ing. O. Viertel, Krefeld
Wäscherei- und energietechnische Untersuchung einer Gemeinschafts-Waschanlage
1955, 50 Seiten, 18 Abb., DM 10,20

HEFT 120
Dipl.-Ing. A. Weisbecker, Lüdenscheid
Über Anfressungen an Reinstaluminium-Schweißnähten bei der elektrolytischen Oxydation
Gebr. Hörstermann GmbH., Velbert
Entwicklung und Erprobung eines neuartigen Gummibandförderers
1955, 46 Seiten, 18 Abb., DM 9,70

HEFT 121
Dr. H. Krebs, Bonn
I. Die Struktur und die Eigenschaften der Halbmetalle
II. Die Bestimmung der Atomverteilung in amorphen Substanzen
III. Die chemische Bindung in anorganischen Festkörpern und das Entstehen metallischer Eigenschaften
1955, 124 Seiten, 36 Abb., 13 Tabellen, DM 22,90

HEFT 122
Prof. Dr. W. Fuchs, Aachen
Untersuchungen zur Verbesserung der Wasseraufbereitung und Wasseranalyse:
Über die Schnellbewertung von Ionenaustauscher
1955, 62 Seiten, 32 Abb., DM 12,30

HEFT 123
Dipl.-Ing. J. Emondts, Aachen
Über Bodenverformungen bei stark gestörtem und mächtigem, wasserführendem Deckgebirge im Aachener Steinkohlengebiet
1955, 196 Seiten, 37 Abb., 10 Tabellen, DM 28,80

HEFT 124
Prof. Dr. R. Seyffert, Köln
Wege und Kosten der Distribution der Hausratwaren im Lande Nordrhein-Westfalen
1955, 74 Seiten, 25 Tabellen, DM 9,—

Springer Fachmedien Wiesbaden GmbH

HEFT 125
Prof. Dr. E. Kappler, Münster
Eine neue Methode zur Bestimmung von Kondensations-Koeffizienten von Wasser
1955, 46 Seiten, 11 Abb., 1 Tabelle, DM 9,10

HEFT 126
Prof. Dr.-Ing. J. Mathieu, Aachen
Arbeitszeitvergleich
Grundlagen, Methodik und praktische Durchführung
1955, 70 Seiten, DM 13,—

HEFT 127
Güteschutz Betonstein e. V., Arbeitskreis Nordrhein-Westfalen, Dortmund
Die Betonwaren-Gütesicherung im Lande Nordrhein-Westfalen
1955, 58 Seiten, 15 Abb., 3 Tabellen, DM 11,50

HEFT 128
Prof. Dr. O. Schmitz-DuMont, Bonn
Untersuchungen über Reaktionen in flüssigem Ammoniak
1955, 96 Seiten, 11 Abb., 6 Tabellen, DM 17,75

HEFT 129
Prof. Dr.-Ing. J. Mathieu und Dr. C. A. Roos, Aachen
Die Anlernung von Industriearbeitern
I. Ergebnisse einer grundsätzlichen Untersuchung der gegenwärtigen Industriearbeiter-Kurzanlernung
1955, 106 Seiten, DM 19,70

HEFT 130
Prof. Dr.-Ing. J. Mathieu und Dr. C. A. Roos, Aachen
Die Anlernung von Industriearbeitern
II. Beiträge zur Methodenfrage der Kurzanlernung
1955, 108 Seiten, DM 19,90

HEFT 131
Dr. W. Hoerburger, Köln
Versuche zur Biosynthese von Eiweiß aus Kohlenwasserstoff
1955, 34 Seiten, 2 Abb., DM 6,90

HEFT 132
Prof. Dr. W. Seith, Münster
Über Diffusionserscheinungen in festen Metallen
1955, 42 Seiten, 19 Abb., 4 Tabellen, DM 9,10

HEFT 133
Prof. Dr. E. Jenckel, Aachen
Über einen für Schwermetalle selektiven Ionenaustauscher
1955, 48 Seiten, 8 Abb., 13 Tabellen, DM 9,50

HEFT 134
Prof. Dr.-Ing. H. Winterhager, Aachen
Über die elektrochemischen Grundlagen der Schmelzfluß-Elektrolyse von Bleisulfid in geschmolzenen Mischungen mit Bleichlorid
1955, 54 Seiten, 20 Abb., 5 Tabellen, DM 11,80

HEFT 135
Prof. Dr.-Ing. K. Krekeler und Dr.-Ing. H. Peukert, Aachen
Die Änderung der mechanischen Eigenschaften thermoplastischer Kunststoffe durch Warmrecken
1955, 54 Seiten, 27 Abb., DM 11,10

HEFT 136
Dipl.-Phys. P. Pilz, Remscheid
Über spezielle Probleme der Zerkleinerungstechnik von Weichstoffen
1955, 58 Seiten, 19 Abb., 2 Tabellen, DM 11,50

HEFT 137
Prof. Dr. W. Baumeister, Münster
Beiträge zur Mineralstoffernährung der Pflanzen
1955, 64 Seiten, 6 Tabellen, DM 11,80

HEFT 138
Dr. P. Hölemann und Ing. R. Hasselmann, Dortmund
Untersuchungen über die Zersetzungswärme von gasförmigem und in Azeton gelöstem Azetylen
1955, 54 Seiten, 8 Abb., 7 Tabellen, DM 10,40

HEFT 139
Prof. Dr. W. Fuchs, Aachen
Studien über die thermische Zersetzung der Kohle und die Kohlendestillatprodukte
1955, 64 Seiten, 20 Abb., 22 Tabellen, DM 11,80

HEFT 140
Dr.-Ing. G. Hausberg, Essen
Modellversuche an Zyklonen
1955, 78 Seiten, 24 Abb., DM 15,70

HEFT 141
Dr. J. van Calker und Dr. R. Wienecke, Münster
Untersuchungen über den Einfluß dritter Analysenpartner auf die spektrochemische Analyse
1955, 42 Seiten, 15 Abb., DM 9,10

HEFT 142
Dipl.-Ing. G. M. F. Wiebel, Hannover, A. Konermann und A. Ottenheym, Sennelager
Entwicklung eines Kalksandleichtsteines
1955, 38 Seiten, 4 Abb., DM 8,—

HEFT 143
Prof. Dr. F. Wever, Dr. A. Rose und Dipl.-Ing. W. Straßburg, Düsseldorf
Härtbarkeit und Umwandlungsverhalten der Stähle
1955, 50 Seiten, 12 Abb., 3 Tabellen, DM 10,70

HEFT 144
Prof. Dr. H. Wurmbach, Bonn
Steuerung von Wachstum und Formbildung
1955, 48 Seiten, 19 Abb., DM 10,30

HEFT 145
Dr. G. Hennemann, Werdohl (Westf.)
Beitrag zur Interpretation der modernen Atomphysik
1955, 34 Seiten, DM 10,—

HEFT 146
Dr.-Ing. F. Gruß, Düsseldorf
Sterilisation mit Heißluft
1955, 34 Seiten, 10 Abb., DM 7,70

HEFT 147
Dr.-Ing. W. Rudisch, Unna
Untersuchung einer drehelastischen Elektromagnet-Synchronkupplung
1955, 82 Seiten, 65 Abb., DM 17,70

HEFT 148
Prof. Dr. H. Bittel u. Dipl.-Phys. L. Storm, Münster
Untersuchungen über Widerstandsrauschen
1955, 40 Seiten, 5 Abb., DM 8,40

HEFT 149
Dipl.-Ing. K. Konopicky und Dipl.-Chem. P. Kampa, Bonn
I. Beitrag zur flammenphotometrischen Bestimmung des Calciums.
Dr.-Ing. K. Konopicky, Bonn
II. Die Wanderung von Schlackenbestandteilen in feuerfesten Baustoffen
1955, 54 Seiten, 10 Abb., 5 Tabellen, DM 11,—

HEFT 150
Prof. Dr.-Ing. O. Kienzle und Dipl.-Ing. W. Timmerbeil, Hannover
Das Durchziehen enger Kragen an ebenen Fein- und Mittelblechen
1955, 52 Seiten, 20 Abb., 8 Tabellen, DM 11,30

HEFT 151
Dipl.-Ing. P. Karabasch, Aachen
Feststellung des optimalen Gasgehaltes von Bronzen zur Erzielung druckdichter Gußstücke
1956, 64 Seiten, 31 Abb., 5 Tabellen, DM 13,90

HEFT 152
Dipl.-Ing. G. Müller, Köln
Ermittlung der Laufeigenschaften (Vergießbarkeit) von Bronze und Rotguß mittels der Schneider-Gießspirale
1955, 60 Seiten, 33 Abb., DM 13,30

HEFT 153
Prof. Dr. F. Wever, Dr.-Ing. W. A. Fischer und Dipl.-Ing. J. Engelbrecht, Düsseldorf
I. Die Reduktion sauerstoffhaltiger Eisenschmelzen im Hochvakuum mit Wasserstoff und Kohlenstoff
II. Einfluß geringer Sauerstoffgehalte auf das Gefüge und Alterungsverhalten von Reineisen
1955, 54 Seiten, 15 Abb., 2 Tabellen, DM 12,40

HEFT 154
Prof. Dr.-Ing. P. Bardenheuer und Dr.-Ing. W. A. Fischer, Düsseldorf
Die Verschlackung von Titan aus Stahlschmelzen im sauren und basischen Hochfrequenzofen unter verschiedenen Schlacken
1955, 36 Seiten, 10 Abb., 1 Tabelle, DM 7,95

HEFT 155
Dipl.-Phys. K. H. Schirmer, München
Die auf Grau abgestimmte Farbwiedergabe im Dreifarbenbuchdruck
1955, 46 Seiten, 17 Abb., 2 Farbtafeln, DM 10,—

HEFT 156
Prof. Dr.-Ing. B. von Borries und Mitarbeiter, Düsseldorf
Die Entwicklung regelbarer permanentmagnetischer Elektronenlinsen hoher Brechkraft und eines mit ihnen ausgerüsteten Elektronenmikroskopes neuer Bauart
1956, 102 Seiten, 52 Abb., DM 22,55

HEFT 157
Dr. W. Jawtusch, Dr. G. Schuster und Prof. Dr.-Ing. R. Jaeckel, Bonn
Untersuchungen über die Stoßvorgänge zwischen neutralen Atomen und Molekülen
1955, 48 Seiten, 15 Abb., 3 Tabellen, DM 10,50

HEFT 158
Dipl.-Ing. W. Rosenkranz, Meinerzhagen
Ein Beitrag zum Problem der Spannungskorrosion bei Preßprofilen und Preßteilen aus Aluminium-Legierungen
1956, 112 Seiten, 61 Abb., 5 Tabellen, DM 27,40

HEFT 159
Dr.-Ing. O. Viertel und O. Oldenroth, Krefeld
Das Bleichen von Weißwäsche mit Wasserstoffsuperoxyd bzw. Natriumhypochlorit beim maschinellen Waschen
1955, 54 Seiten, 23 Abb., 2 Tabellen, DM 11,45

HEFT 160
Prof. Dr. W. Klemm, Münster
Über neue Sauerstoff- und Fluor-haltige Komplexe
1955, 50 Seiten, 13 Abb., 7 Tabellen, DM 10,80

HEFT 161
Prof. Dr. W. Weltzien und Dr. G. Hauschild, Krefeld
Über Silikone und ihre Anwendung in der Textilveredlung
1955, 162 Seiten, 22 Abb., 10 Tabellen, DM 27,—

HEFT 162
Prof. Dr. F. Wever, Prof. Dr. A. Kochendörfer und Dr.-Ing. Chr. Rohrbach, Düsseldorf
Kennzeichnung der Sprödbruchneigung von Stählen durch Messung der Fließspannung, Reißspannung und Brucheinschnürung an dreiachsig beanspruchten Proben
1955, 58 Seiten, 26 Abb., DM 13,—

HEFT 163
Dipl.-Ing. W. Rohs und Text.-Ing. H. Griese, Bielefeld
Untersuchungsarbeiten zur Verbesserung des Leinenwebstuhls III
1955, 80 Seiten, 15 Abb., 18 Tabellen, DM 15,80

HEFT 164
Dr.-Ing. H. Schmachtenberg, Köln
Neuartige Prüfeinrichtungen für Kraftfahrzeuge
1955, 44 Seiten, 23 Abb., DM 9,60

HEFT 165
Dr.-Ing. W. Wilhelm, Aachen
Instationäre Gasströmung im Auspuffsystem eines Zweitaktmotors
1955, 62 Seiten, 31 Abb., 8 Tabellen, DM 13,60

HEFT 166
Prof. Dr. M. v. Stackelberg, Dr. H. Heindze, Dr. H. Hübschke und Dr. K. H. Frangen, Bonn
Kolloidchemische Untersuchungen
1955, 106 Seiten, 8 Abb., 13 Tabellen, DM 21,25

HEFT 167
Prof. Dr.-Ing. F. Schuster, Essen
I. Über die Heißkarburierung von Brenngasen mit Ölen und Teeren
II. Die Strahlungsvorgänge in brennstoffbeheizten Öfen bei verschiedenen Verbrennungsatmosphären
1955, 38 Seiten, 8 Abb., DM 8,30

HEFT 168
Prof. Dr.-Ing. F. Schuster, Essen
I. Luftvorwärmung an Gasfeuerungen
II. Heizwerthöhe von Brenngasen und Wirkungsgrad sowie Gasverbrauch bei der Gasverwendung
III. Sauerstoffangereicherte Luft und feuerungstechnische Kenngrößen von Brenngasen
1955, 60 Seiten, 18 Abb., DM 12,50

HEFT 169
Forschungsinstitut für Pigmente und Lacke, Stuttgart
Arbeiten über die Bestimmung des Gebrauchswertes von Lackfilmen durch physikalische Prüfungen
1955, 70 Seiten, 23 Abb., 4 Tabellen, DM 15,—

HEFT 170
Prof. Dr. F. Wever, Dr. A. Rose und Dipl.-Ing L. Rademacher, Düsseldorf
Anwendung der Umwandlungsschaubilder auf Fragen der Werkstoffauswahl beim Schweißen und Flammhärten
1955, 64 Seiten, 25 Abb., DM 13,70

Springer Fachmedien Wiesbaden GmbH

HEFT 171
Wäschereiforschung Krefeld
Untersuchung der Wäscheentwässerung mit Hilfe von Zentrifugen und Pressen
1955, 42 Seiten, 16 Abb., 4 Tabellen, DM 9,70

HEFT 172
Dipl.-Ing. W. Rohs, Dr.-Ing. G. Satlow und Text.-Ing. G. Heller, Bielefeld
Trocknung von Hanfgarnen. Kreuzspultrocknung
1955, 60 Seiten, 7 Abb., 4 Tabellen, DM 10,30

HEFT 173
Prof. Dr. R. Hosemann und Dipl.-Phys. G. Schoknecht, Berlin, vorgelegt von Prof. Dr. W. Kast, Krefeld
Lichtoptische Herstellung und Diskussion der Faltungsquadrate parakristalliner Gitter
1956, 108 Seiten, 63 Abb., 6 Tabellen, DM 24,70

HEFT 174
Prof. Dr. W. von Fragstein, Dr. J. Meingast und H. Hoch, Köln
Herstellung von Solen einheitlicher Teilchengröße und Ermittlung ihrer optischen Eigenschaften
1955, 78 Seiten, 80 Abb., 4 Tabellen, DM 18,25

HEFT 175
Dr.-Ing. H. Zeller, Aachen
Beitrag zur eindimensionalen stationären und nichtstationären Gasströmung mit Reibung und Wärmeleitung, insbesondere in Rohren mit unstetigen Querschnittsänderungen.
1956, 138 Seiten, 56 Abb., DM 29,30

HEFT 176
Dipl.-Ing. H. Schöberl, Duisburg
Über die Methoden zur Ermittlung der Verbrennungstemperatur von Brennstoffen und ein Vorschlag zu ihrer Verbesserung
1955, 30 Seiten, 3 Abb., DM 6,50

HEFT 177
Dipl.-Ing. H. Stüdemann, Solingen, und Dr.-Ing. W. Müchler, Essen
Entwicklung eines Verfahrens zur zahlenmäßigen Bestimmung der Schneideigenschaften von Messerklingen
1956, 104 Seiten, 68 Abb., 4 Tabellen, DM 22,20

HEFT 178
Prof. Dr. M. von Stackelberg u. Dr. W. Hans, Bonn
Untersuchungen zur Ausarbeitung und Verbesserung von polarographischen Analysenmethoden
1955, 46 Seiten, 14 Abb., 4 Tabellen, DM 10,50

HEFT 179
Dipl.-Ing. H. F. Reineke, Bochum
Entwicklungsarbeiten auf dem Gebiete der Meß- und Regeltechnik
1955, 46 Seiten, 10 Abb., DM 10,—

HEFT 180
Dr.-Ing. W. Piepenburg, Dipl.-Ing. B. Bühling und Bauing. J. Behnke, Köln
Putzarbeiten im Hochbau und Versuche mit aktiviertem Mörtel und mechanischem Mörtelauftrag
1955, 116 Seiten, 31 Abb., 68 Tabellen, DM 23,—

HEFT 181
Prof. Dr. W. Franz, Münster
Theorie der elektrischen Leitvorgänge in Halbleitern und isolierenden Festkörpern bei hohen elektrischen Feldern
1955, 28 Seiten, 2 Abb., 1 Tabelle, DM 6,20

HEFT 182
Dr.-Ing. P. Schenk u. Dr. K. Osterloh, Düsseldorf
Katalytisch-thermische Spaltung von gasförmigen und flüssigen Kohlenwasserstoffen zur Spitzengaserzeugung
1955, 50 Seiten, 11 Abb., 11 Tabellen, DM 10,90

HEFT 183
Dr. W. Bornheim, Köln
Entwicklungsarbeiten an Flaschen- und Ampullen-Behandlungsmaschinen für die pharmazeutische Industrie
1956, 48 Seiten, 24 Abb., DM 11,70

HEFT 184
Dr.-Ing. E. Printz, Kettwig
Vollhydraulische Parallel-Kupplung für Ackerschlepper
1955, 32 Seiten, 4 Abb., DM 7,80

HEFT 185
Dipl.-Ing. W. Rohs und Text.-Ing. G. Heller, Bielefeld
Studien an einem neuzeitlichen Kreuzspultrockner für Bastfasergarne mit Wiederbefeuchtungszone
1955, 52 Seiten, 9 Abb., 3 Tabellen, DM 10,70

HEFT 186
Dr. E. Wedekind, Krefeld
Untersuchungen zur Arbeitsbestgestaltung bei der Fertigstellung von Oberhemden in gewerblichen Wäschereien
1955, 124 Seiten, 28 Abb., 6 Tabellen, 2 Falttaf., DM 12,—

HEFT 187
Dipl.-Ing. F. Göttgens, Essen
Über die Eigenarten der Bimetall-, Thermo- und Flammenionisationssicherungsmethode in ihrer Anwendung auf Zündsicherungen
1955, 40 Seiten, 6 Abb., 4 Tabellen, DM 8,40

HEFT 188
W. Kinnebrock, Langenberg (Rhld.)
Der Einfluß des Austausches gleicher Gaskochbrenner bzw. Gaskochbrennerteile auf den Wirkungsgrad und insbesondere auf den CO-Gehalt der Verbrennungsgase
1955, 42 Seiten, 7 Tabellen, DM 8,70

HEFT 189
Fa. E. Leybold's Nachfolger, Köln
I. Ausgewählte Kapitel aus der Vakuumtechnik
II. Zum Verlust anorganisch-nichtflüchtiger Substanzen während der Gefriertrocknung
1955, 52 Seiten, 16 Abb., 3 Tabellen, DM 11,20

HEFT 190
Prof. Dr. A. Neuhaus, Prof. Dr. O. Schmitz-DuMont und Dipl.-Chem. H. Reckhard, Bonn
Zur Kenntnis der Alkalititanate
1955, 60 Seiten, 13 Abb., 1 Tabelle, DM 12,20

HEFT 191
Dr. H. Söhngen, Darmstadt
Schwingungsverhalten eines Schaufelkranzes im Vakuum
1955, 36 Seiten, 7 Abb., DM 7,80

HEFT 192
Dipl.-Phys. E. M. Schneider, München
Kohlebogenlampen für Aufnahme und Kopie
1955, 48 Seiten, 21 Abb., 3 Tabellen, DM 10,60

HEFT 193
Prof. Dr. O. Schmitz-DuMont, Bonn
Untersuchungen über neue Pigmentfarbstoffe
1956, 50 Seiten, 16 Abb., 8 Tabellen, DM 11,20

HEFT 194
Dr. K. Hecht, Köln
Entwicklung neuartiger physikalischer Unterrichtsgeräte
1955, 42 Seiten, 16 Abb., DM 9,90

HEFT 195
Dr.-Ing. E. Rößger, Köln
Gedanken über einen neuen deutschen Luftverkehr
1955, 342 Seiten, 29 Abb., 122 Tabellen, DM 50,—

HEFT 196
Dipl.-Ing. W. Rohs und Text.-Ing. H. Griese, Bielefeld
Auswirkungen von Garnfehlern bei der Verarbeitung von Leinengarnen
1955, 36 Seiten, 3 Abb., 6 Tabellen, DM 7,80

HEFT 197
Dr. E. Wedekind, Krefeld
Untersuchungen zur Bestimmung der optimalen Arbeitsplatzgröße bei Mehrstuhlarbeit in der Weberei
1955, 92 Seiten, 34 Abb., 8 Tabellen, DM 18,50

HEFT 198
Prof. Dr. J. Weissinger, Karlsruhe
Zur Aerodynamik des Ringflügels. Die Druckverteilung dünner, fast drehsymmetrischer Flügel in Unterschallströmung
1955, 42 Seiten, 5 Abb., DM 9,—

HEFT 199
Textilforschungsanstalt Krefeld
Die Messung von Gewebetemperaturen mittels Temperaturstrahlung
1955, 50 Seiten, 12 Abb., DM 10,90

HEFT 200
R. Seipenbusch, Langenberg (Rhld.)
Spitzengas durch Zusatz von Flüssiggas-Wassergas- und Flüssiggas-Generatorgas-Gemischen zu Stadtgas
1955, 48 Seiten, 21 Tabellen, DM 10,35

HEFT 201
Dr.-Ing. E. W. Pleines, Frankfurt/Main
Die Sicherheit im Luftverkehr
1956, 216 Seiten, 39 Abb., 19 Tabellen, DM 39,50

HEFT 202
Dipl.-Ing. D. Fiecke, Stuttgart/Zuffenhausen
Die Bestimmung der Flugzeugpolaren für Entwurfszwecke. I Teil: Unterlagen
1956, 216 Seiten, 171 Diagr., DM 59,70

HEFT 203
Dr. G. Wandel, Bonn
Uferbewachsung und Lebendverbauung an den Nordwestdeutschen Kanälen und ihren Zuflüssen sowie an der Ruhr
1956, 122 Seiten, 88 Abb., DM 25,70

HEFT 204
Dipl.-Ing. B. Naendorf, Langenberg (Rhld.)
Bestimmung der Brenneigenschaften und des Brennverhaltens verschiedener Gasarten und Einfluß verschiedener Düsengestaltung
1955, 32 Seiten, DM 7,10

HEFT 205
Dr. C. Schaarwächter, Düsseldorf
Über plastische Kupfer-Eisen-Phosphor-Legierungen
1956, 36 Seiten, 10 Abb., 10 Tabellen, DM 8,30

HEFT 206
Dr. P. Hülemann, Ing. R. Hasselmann und Ing. G. Dix, Dortmund
Untersuchungen über die Vorgänge bei der Zersetzung von in Azeton gelöstem Azetylen
1956, 74 Seiten, 7 Abb., 7 Tabellen, DM 15,55

HEFT 207
Prof. Dr.-Ing. H. Opitz, Dipl.-Ing. K. H. Fröhlich und Dipl.-Ing. H. Siebel, Aachen
Richtwerte für das Fräsen von unlegierten und legierten Baustählen mit Hartmetall. I. Teil
1956, 48 Seiten, 27 Abb., 3 Tabellen, DM 11,10

HEFT 208
Prof. Dr.-Ing. H. Müller, Essen
Untersuchung von Elektrowärmegeräten für Laienbedienung hinsichtlich Sicherheit und Gebrauchsfähigkeit. I. Untersuchungen an Kochplatten
1956, 100 Seiten, 76 Abb., 7 Tabellen, DM 22,70

HEFT 209
Dr. K. Bunge, Leverkusen
Materialabbau in Funkenentladungen. Untersuchungen an Zinkkathoden
1956, 54 Seiten, 10 Abb., 5 Tabellen, DM 11,40

HEFT 210
Dr. W. Porschen und Prof. Dr. W. Riezler, Bonn
Langlebige Alphaaktivitäten bei natürlichen Elementen
1955, 40 Seiten, 5 Abb., 4 Tabellen, DM 8,80

HEFT 211
Prof. Dipl.-Ing. W. Sturtzel und Dr.-Ing. W. Graff, Duisburg
Die Versuchsanstalt für Binnenschiffbau, Duisburg
1956, 48 Seiten, 22 Abb., 11,—

HEFT 212
Dipl.-Ing. H. Spodig, Selm
Untersuchung zur Anwendung der Dauermagnete in der Technik
1955, 44 Seiten, 25 Abb., DM 9,80

HEFT 213
Dipl.-Ing. K. F. Rittinghaus, Aachen
Zusammenstellung eines Meßwagens für Bau- und Raumakustik
1957, 96 Seiten, 17 Abb., 7 Tabellen, DM 19,80

HEFT 214
Dr.-Ing. J. Endres, München
Berechnung der optimalen Leistungen, Kraftstoffverbräuche und Wirkungsgrade von Einkreis-Turbolader-Strahltriebwerken am Boden und in der Höhe bei Fluggeschwindigkeiten von 0—2000 km/h
1956, 72 Seiten, 18 Abb., 8 Tabellen, DM 15,40

HEFT 215
Prof. Dr.-Ing. H. Opitz und Dr.-Ing. G. Weber, Aachen
Einfluß der Wärmebehandlung von Baustählen auf Spanentstehung, Schnittkraft- und Standzeitverhalten
1956, 80 Seiten, 30 Abb., 10 Tabellen, DM 18,40

HEFT 216
Dr. E. Kloth, Köln
Untersuchungen über die Ausbreitung kurzer Schallimpulse bei der Materialprüfung mit Ultraschall
1956, 90 Seiten, 60 Abb., 4 Tabellen, DM 19,40

HEFT 217
Rationalisierungskuratorium der Deutschen Wirtschaft (RKW), Frankfurt/Main
Typenvielzahl bei Haushaltgeräten und Möglichkeiten einer Beschränkung
1956, 328 Seiten, 2 Abb., 181 Tabellen, DM 49,50

HEFT 218
Dr. F. Keune, Aachen
Bericht über eine Theorie der Strömung um Rotationskörper ohne Anstellung bei Machzahl Eins
1955, 40 Seiten, 8 Abb., 5 Formelblätter, DM 8,80

Springer Fachmedien Wiesbaden GmbH

HEFT 219
Prof. Dr. W. Fuchs, Aachen
Untersuchungen zur Holzabfallverwertung und zur Chemie des Lignins
1955, 54 Seiten, 11 Abb., 15 Tabellen DM 11,40

HEFT 220
Prof. Dr. W. Fuchs, Aachen
Die Entwicklung neuer Regel- und Kontroll-Apparate zur coulometrischen Analyse
1956, 76 Seiten, 17 Abb. 23 Tabellen, DM 15,50

HEFT 221
Dr. W. Meyer-Eppler, Bonn
Experimentelle Untersuchungen zum Mechanismus von Stimme und Gehör in der lautsprachlichen Kommunikation
1955, 56 Seiten, 24 Abb., DM 13,45

HEFT 222
Dr. L. Köllner, Münster, und Dipl.-Volkswirt M. Kaiser, Bochum
Die internationale Wettbewerbsfähigkeit der westdeutschen Wollindustrie
1956, 214 Seiten, DM 39,50

HEFT 223
Dr.-Ing. K. Alberti und Dr. F. Schwarz, Köln
Über das Problem Hartbrand-Weichbrand
1956, 54 Seiten, 25 Abb., 14 Tabellen, DM 12,10

HEFT 224
Dipl.-Ing. H. Stüdemann und Ing. R. Beu, Solingen
Verfahren zur Prüfung der Korrosionsbeständigkeit von Messerklingen aus rostfreiem Stahl
1956, 82 Seiten, 28 Abb., DM 16,90

HEFT 225
Dr.-Ing. E. Barz, Remscheid
Der Spannungszustand von Gattersägeblättern
1956, 74 Seiten, 54 Abb., DM 16,50

HEFT 226
Technisch-wissenschaftliches Büro für die Bastfaserindustrie, Bielefeld
Untersuchungen zur Verbesserung des Leinenwebstuhles IV
Die Wirkung verschiedener Kettbaumbremsen auf die Verwebung von Leinengarnen
1956, 64 Seiten, 9 Abb., 4 Tabellen, DM 13,50

HEFT 227
Prof. Dr. F. Wever, Düsseldorf und Dr. W. Wepner, Köln
Untersuchung der Alterungsneigung von weichen unlegierten Stählen durch Härteprüfung bei Temperaturen bis 300 Grad C
1956, 34 Seiten, 20 Abb., 3 Tabellen, DM 7,95

HEFT 228
Prof. Dr. F. Wever, Dr. W. Koch, Düsseldorf, und Dr. B. A. Steinkopf, Dortmund
Spektrochemische Grundlagen der Analyse von Gemischen aus Kohlenmonoxyd, Wasserstoff und Stickstoff
1956, 42 Seiten, 18 Abb., 1 Tabelle, DM 9,90

HEFT 229
Prof. Dr. F. Wever, Dr. W. Koch und Dr.-Ing. H. Malissa, Düsseldorf
Über die Anwendung disubstituierter Dithiocarbamate der analytischen Chemie
1956, 44 Seiten, 30 Abb., 5 Tabellen, DM 10,50

HEFT 230
Prof. Dr. F. Wever, Düsseldorf, und Dr. W. Wepner, Köln
Bestimmung kleiner Kohlenstoffgehalte im Alpha-Eisen durch Dämpfungsmessung
1956, 34 Seiten, 5 Abb., 2 Tabellen, DM 7,70

HEFT 231
Dr.-Ing. W. Küch, Dortmund
Über die Wechselwirkung zwischen Holzschutzbehandlung und Verleimung
1956, 48 Seiten, 10 Abb., 8 Tabellen, DM 10,40

HEFT 232
Prof. Dr.-Ing. O. Kienzle, Hannover, und Dr.-Ing. H. Münnich, Schweinfurt
Feststellung der Spannungen und Dehnungen und Bruchdrehzahlen der unter Fliehkraft und Bearbeitungskraft beanspruchten Schleifkörper
in Vorbereitung

HEFT 233
Dr. H. Haase, Hamburg
Infrarot-Bibliographie *1956, 90 Seiten, DM 17,80*

HEFT 234
Dr.-Ing. K. G. Speith und Dr.-Ing. A. Bungeroth, Duisburg
Versuche zur Steigerung des Kokillen-Schluckvermögens beim Stranggießen von Stahl
1956, 26 Seiten, 5 Abb., DM 6,15

HEFT 235
Prof. Dr.-Ing. K. Leist und Dipl.-Ing. W. Dettmering, Aachen
Turbinenschaufeln aus Kunststoff für Kaltluftversuchsanlagen
1956, 46 Seiten, 43 Abb., 3 Tabellen, DM 12,30

HEFT 236
Dr.-Ing. O. Viertel und S. Lucas, Krefeld
Ergebnisse einer Hausfrauenbefragung über Wascheinrichtungen und Waschmethoden in städtischen Haushaltungen
1956, 34 Seiten, 4 Abb., DM 7,60

HEFT 237
Dr. P. Endler und Dr. H. Ludes, Köln
Bericht über eine Studienreise zur Orientierung der heutigen Behandlung der Lungentuberkulose in den Vereinigten Staaten von Nordamerika
1956, 32 Seiten, DM 7,10

HEFT 238
Institut für textile Meßtechnik, M.-Gladbach, e. V.
Untersuchungen der Verzugsvorgänge an den Streckwerken verschiedener Spinnereimaschinen. 3. Bericht: Theoretische Betrachtungen über den Einfluß schlagender Zylinder und Druckrollen
1956, 66 Seiten, 21 Abb., DM 14,10

HEFT 239
Prof. Dr.-Ing. K. Leist, Dipl.-Ing. H. Scheele, Aachen, und Dipl.-Ing. F. H. Flottmann, Herne
Versuche an einem neuartigen luftgekühlten Hochleistungs-Kolbenkompressor
1956, 72 Seiten, 19 Abb., 7 Tabellen, DM 14,40

HEFT 240
Prof. Dr.-Ing. K. Leist und Dipl.-Ing. H. Scheele, Aachen
Temperaturmessungen an einem einstufigen luftgekühlten 4-Zylinder-Kolbenkompressor mit Kühlgebläse
1956, 74 Seiten, 36 Abb., DM 14,80

HEFT 241
Prof. Dr.-Ing. K. Leist und Dipl.-Ing. M. Pötke, Aachen
Leistungsversuche an einem Kühlluftgebläse
1956, 60 Seiten, 13 Abb., DM 11,70

HEFT 242
Prof. Dr.-Ing. K. Leist und Dipl.-Ing. K. Graf, Aachen
Straßenfahrzeuge mit Gasturbinenantrieb
1956, 82 Seiten, 63 Abb., DM 17,20

HEFT 243
Prof. Dr.-Ing. K. Leist und Dipl.-Ing. S. Förster, Aachen
Die französische Kleingasturbine Artouste — 1. Teil
1956, 80 Seiten, 41 Abb., DM 15,85

HEFT 244
Prof. Dr. F. Wever, Dr. W. Koch und Dr. S. Eckhard, Düsseldorf
Erfahrungen mit der spektrochemischen Analyse von Gefügebestandteilen des Stahles
1956, 32 Seiten, 8 Abb., 2 Tabellen, DM 7,80

HEFT 245
Prof. Dr.-Ing. habil. K. Krekeler, Aachen
Das Verbinden von Metallen durch Kunstharzkleber. Teil I: Eigenschaften und Verwendung der Metallklebstoffe
1956, 48 Seiten, 8 Abb., DM 10,25

HEFT 246
Prof. Dr.-Ing. habil. K. Krekeler, Aachen
Das Verbinden von Metallen durch Kunstharzkleber. Teil II: Untersuchungen an geklebten Leichtmetall-Verbindungen
1956, 80 Seiten, 40 Abb., DM 17,50

HEFT 247
Dr. H. Söhngen, Darmstadt
Strömung vor einem Überschall-Laufrad
1956, 26 Seiten, 4 Abb., DM 7,60

HEFT 248
Rheinische Aktiengesellschaft für Braunkohlenbergbau und Brikettfabrikation, Köln
Untersuchung der Bindemitteleigenschaften von Braunkohlenfilteraschen
1956, 176 Seiten, 26 Abb., 30 Tabellen, DM 35,60

HEFT 249
Dr. M.-E. Meffert, Essen
Weitere Kulturversuche Scenedesmus obliquus
1956, 36 Seiten, 5 Abb., 10 Tabellen, DM 8,—

HEFT 250
Dr. F. Schwarz und Dr.-Ing. K. Alberti, Köln
Entwicklung von Untersuchungsverfahren zur Gütebeurteilung von Industriekalken
1956, 36 Seiten, 9 Abb., DM 16,50

HEFT 251
Prof. Dr. H. Bittel, Münster
Zur Statistik der ferromagnetischen Elementarvorgänge und ihren Einfluß auf das Barkhausenrauschen
1956, 52 Seiten, 14 Abb., DM 11,65

HEFT 252
Dipl.-Ing. H. Frings, Geilenkirchen
Die Wirkung abfallender Wetterführung auf Wettertemperatur, Grubengasgehalt und Staubbildung
1957, 126 Seiten, 23 Abb., 13 Falttafeln, 38 Tab., DM 35,70

HEFT 253
Dipl.-Ing. S. Schirmanski, Berghausen
Stand und Auswertung der Forschungsarbeiten über Temperatur- und Feuchtigkeitsgrenzen bei der bergmännischen Arbeit
1957, 80 Seiten, 24 Abb., 12 Tab., DM 17,10

HEFT 254
Prof. Dr. R. Danneel, Bonn
Quantitative Untersuchungen über die Entwicklung des Ehrlich-Ascitestumors bei Inzuchtmäusen
1956, 52 Seiten, 17 Tabellen, DM 11,75

HEFT 255
Ing. B. v. Schlippe, Bad Nauheim
Strömung von Flüssigkeiten mit temperaturabhängiger Zähigkeit (Kühlung von Öfen)
1956, 54 Seiten, 12 Abb., 4 Tabellen, DM 11,70

HEFT 256
Prof. Dr. C. Schmieden und Dipl.-Math. K. H. Müller, Darmstadt
Die Strömung einer quellenden Quellstrecke im Halbraum — eine strenge Lösung der Navier-Stokes-Gleichungen
1956, 40 Seiten, 9 Abb., DM 8,80

HEFT 257
Prof. Dr. G. Lehmann und Dr. J. Tamm, Dortmund
Die Beeinflussung vegetativer Funktionen des Menschen durch Geräusche
1956, 48 Seiten, 25 Abb., 3 Tabellen, DM 11,20

HEFT 258
Dr. H. Paul, Linz (Rhein), und Prof. Dr. O. Graf, Dortmund
Zur Frage der Unfälle im Bergbau
1956, 52 Seiten, 9 Abb., 22 Tabellen, DM 11,20

HEFT 259
Prof. D. W. Linke, Aachen
Strömungsvorgänge in künstlich belüfteten Räumen
1956, 52 Seiten, 37 Abb., 1 Tabelle, DM 11,80

HEFT 260
Prof. Dr. W. Kast, Freiburg (Br.), Prof. Dr. A. H. Stuart und Dipl.-Phys. H. G. Fendler, Hannover
Lichtzerstreuungsmessungen an Lösungen hochpolymerer Stoffe
1956, 70 Seiten, 25 Abb., 5 Tabellen, DM 15,60

HEFT 261
Prof. Dr. W. Kast, Freiburg (Br.)
Feinstruktur-Untersuchungen an künstlichen Zellulosefasern verschiedener Herstellungsverfahren. Teil II: Der Kristallisationszustand
1956, 80 Seiten, 27 Abb., 11 Tabellen, DM 17,20

HEFT 262
Dr.-Ing. W. Batel, Aachen
Untersuchungen zur Absiebung feuchter, feinkörniger Haufwerke und Schwingsieben
1956, 100 Seiten, 45 Abb., 5 Tabellen, DM 23,40

HEFT 263
Prof. Dr. H. Lange und Dipl.-Phys. R. Kohlhaas, Köln
Über die Wärmeleitfähigkeit von Stählen bei hohen Temperaturen: Teil I: Literaturbericht
1956, 48 Seiten, 26 Abb., 8 Tabellen, DM 10,70

HEFT 264
Prof. Dr. W. Weizel, Bonn
Durch schnelle Funkenzusammenbrüche ausgelöste Signale auf einer Leitung
1956, 26 Seiten, 4 Abb., 3 Tabellen, DM 6,10

HEFT 265
Prof. Dr. F. Micheel und Dr. R. Engel, Münster
Eine Apparatur zur elektrophoretischen Trennung von Stoffgemischen
1956, 38 Seiten, 21 Abb., DM 9,20

HEFT 266
Fliesen-Beratungsstelle Bad Godesberg-Mehlem
Güteeigenschaften keramischer Wand- und Bodenfliesen und deren Prüfmethoden
1956, 32 Seiten, DM 7,10

HEFT 267
Prof. Dr. W. Weizel und B. Brandt, Bonn
Zur Stabilität stromstarker Glimmentladungen
1956, 36 Seiten, 7 Abb., DM 8,40

Springer Fachmedien Wiesbaden GmbH

HEFT 268
Prof. Dr.-Ing. G. Vogelpohl, Göttingen
Über die Tragfähigkeit von Gleitlagern und ihre Berechnung
1956, 76 Seiten, 24 Abb., 7 Tabellen, DM 16,85

HEFT 269
Markscheider R. Bals, Bochum
Eignung des Gebirgsankerausbaus zur Erleichterung des Streckenvortriebs im Steinkohlenbergbau
1956, 84 Seiten, 41 Abb., DM 18,75

HEFT 270
Dr. H. Krebs und Mitarbeiter, Bonn
Die Trennung von Racematen auf chromatographischem Wege
1956, 62 Seiten, 18 Tabellen, DM 12,95

HEFT 271
Prof. Dr.-Ing. H. Opitz und Dipl.-Ing. H. Axer, Aachen
Beeinflussung des Verschleißverhaltens bei spanenden Werkzeugen durch flüssige und gasförmige Kühlmittel und elektrische Maßnahmen
1956, 46 Seiten, 28 Abb., DM 10,70

HEFT 272
Prof. Dr. W. Fuchs und Dr. H. Dresia, Aachen
Untersuchungen über die Schnellverbrennung und Schnellvergasung fester Brennstoffe
1956, 56 Seiten, 14 Abb., 3 Tabellen, DM 11,90

HEFT 273
Fa. K. W. Tacke G.m.b.H., Wuppertal-Barmen
Erfahrungen beim Verspinnen von Perlonfasern und bei der Herstellung von Trikotagen aus gesponnenem Perlon
1956, 36 Seiten, DM 7,90

HEFT 274
Prof. Dr.-Ing. K. Krekeler, Aachen
Qualitative Untersuchungen bei Verbindungsschweißungen mittels Lichtbogenschweißautomaten unter Verwendung von Blankdraht und Zugabe von ferromagnetischem Pulver als Umhüllung
1956, 68 Seiten, 40 Abb., 8 Tabellen, DM 15,45

HEFT 275
Prof. Dr.-Ing. habil. K. Krekeler, Aachen, und Dipl.-Ing. H. Verhoeven, Aachen
Quantitative Untersuchungen von Punktschweißverbindungen an Tiefzieh- und Aluminiumblechen, die nach dem Argonarc-Punktschweißverfahren hergestellt werden
1956, 64 Seiten, 45 Abb., DM 14,60

HEFT 276
Fa. E. Haage, Mülheim (Ruhr)
Entwicklungsarbeiten im Apparatebau für Laboratorien
1956, 48 Seiten, 18 Abb., DM 10,50

HEFT 277
Dr.-Ing. W. Müchler, Essen
Untersuchung und zahlenmäßige Bestimmung der Schneideigenschaften von Messern mit besonderer Berücksichtigung rostfreier Messerstähle
1956, 60 Seiten, 27 Abb., 5 Tabellen, DM 13,20

HEFT 278
Dipl.-Ing. J. Stelter und Dipl.-Ing. H. Kickert, Aachen
I. Sichtbarmachung von Ultraschallfeldern unter Verwendung photographischer Emulsionsschichten
II. Methode zur Bestimmung der wirklichen Temperaturverhältnisse in Flüssigkeiten während der Beschallung (Nach einer Diplom-Arbeit von H. Schnitzler)
1956, 54 Seiten, 24 Abb., DM 12,75

HEFT 279
Dr. F. Keune, Aachen
Der gewölbte und verwundene Tragflügel ohne Dicke in Schallnähe
1956, 42 Seiten, 15 Abb., DM 9,25

HEFT 280
Dipl.-Ing. J. Stelter und Dipl.-Ing. E. Pfende, Aachen
Über Störerscheinungen bei Schallgeschwindigkeitsmessungen mittels der Interferometermethode
1956, 42 Seiten, 13 Abb., DM 9,60

HEFT 281
Prof. Dr.-Ing. K. Lürenbaum, Aachen
Der Meßwagen des Instituts für Maschinen-Dynamik der Deutschen Versuchsanstalt für Luftfahrt, Aachen
1956, 34 Seiten, 17 Abb., DM 8,60

HEFT 282
Bergrat a. D. Scherer, Bochum
Das B. T.-Schwelverfahren und seine Anwendung auf der Anlage Marienau
1956, 44 Seiten, 7 Abb., DM 9,60

HEFT 283
Prof. Dr. F. Wever und Dr.-Ing. W. Lueg, Düsseldorf
Warmstauchversuche zur Ermittlung der Formänderungsfestigkeit von Gesenkschmiede-Stählen
1956, 44 Seiten, 19 Abb., DM 9,90

Heft 284
Prof. Dr. F. Wever, Düsseldorf, Dr.-Ing. H. J. Wiester, Essen, Dr.-Ing. F. W. Straßburg, Duisburg, Prof. Dr.-Ing. H. Opitz, Aachen, und Dr.-Ing. K. H. Fröhlich, Köln
Einfluß des Gefüges auf die Zerspanbarkeit von Einsatz- und Vergütungsstählen
1957, 88 Seiten, 126 Abb., 11 Tab., DM 22,45

HEFT 285
Prof. Dr.-Ing. O. Kienzle, Dr.-Ing. K. Lange, Hannover, und Dipl.-Ing. H. Meinert, Osterode
Einfluß der Oberfläche auf das Verschleißverhalten von Schmiedegesenken
1956, 62 Seiten, 29 Abb., 8 Tabellen, DM 14,60

HEFT 286
Dr.-Ing. K. Lange, Hannover, Dipl.-Ing. H. Meinert, Osterode, unter Mitarbeit von Dr.-Ing. H. Arend, Mülheim (Ruhr)
Verschleißverhalten hartverchromter Schmiedegesenke
1956, 74 Seiten, 53 Abb., 6 Tabellen, DM 17,65

HEFT 287
Prof. Dr.-Ing. habil. K. Krekeler, Aachen
Änderungen der mechanischen Eigenschaftswerte thermoplastischer Kunststoffe bei Beanspruchung in verschiedenen Medien
1956, 62 Seiten, 23 Abb., 5 Tabellen, DM 13,70

HEFT 288
Dr. K. Brücker-Steinkuhl, Düsseldorf
Anwendung mathematisch-statischer Verfahren in der Industrie
1956, 103 Seiten, 27 Abb., 14 Tabellen, DM 24,20

HEFT 289
Prof. Dr.-Ing. H. Winterhager, Aachen
Kombinierter Widerstands- und Lichtbogen-Vakuumofen zur Verarbeitung von Titanschwamm
Prof. Dr. Dr. h. c. R. Schwarz, Aachen
Erforschung neuer Wege zur Darstellung von Titanmetall
1957, 42 Seiten, 18 Abb., DM 9,70

HEFT 290
Dr. D. Horstmann, Düsseldorf
I. Der verstärkte Angriff des Zinks auf Eisen im Temperaturgebiet um 500° C
II. Einfluß eines Antimongehaltes auf den Angriff von Zinkschmelzen auf Eisen
1956, 48 Seiten, 33 Abb., 3 Tabellen, DM 11,90

HEFT 291
Dr.-Ing. H. J. Wiester und Dr. D. Horstmann, Düsseldorf
Der Angriffeisengesättigter Zinkschmelzen auf silizium- und manganhaltiges Eisen
1956, 52 Seiten, 45 Abb., 8 Tabellen, DM 12,60

HEFT 292
Dipl.-Ing. W. Rohs und Text.-Ing. H. Griese, Bielefeld
Webversuche an Leinenwebstühlen mit verbesserter Schaftbewegung
1956, 34 Seiten, 3 Abb., 2 Tabellen, DM 7,60

HEFT 293
Prof. J. W. Korte, unter Mitarbeit von Dipl.-Ing. P. A. Mäcke und Dipl.-Ing. W. Leutzbach, Aachen
Die Leistungsfähigkeit von Verkehrsanlagen des motorisierten städtischen Straßenverkehrs
1956, 98 Seiten, 35 Abb., 5 Tabellen, 1 Falttafel, DM 22,50

HEFT 294
Dipl.-Ing. B. Naendorf, Essen
Untersuchungen industrieller Gasbrenner
1956, 58 Seiten, 6 Abb., 3 Tabellen, DM 12,40

HEFT 295
Prof. Dr.-Ing. H. Opitz und Dipl.-Ing. H. Axer, Aachen
Untersuchung und Weiterentwicklung neuartiger elektrischer Bearbeitungsverfahren
1956, 42 Seiten, 27 Abb., DM 10,30

HEFT 296
Prof. Dr.-Ing. H. Opitz, Aachen
I. Untersuchungen an elektronischen Regelantrieben
II. Statische Untersuchungen zur Ausnutzung von Drehbänken
1956, 46 Seiten, 18 Abb., DM 10,40

HEFT 297
Dr. K. Schaarwächter, Düsseldorf
Die Reduktion von Siliziumtetrachlorid im Lichtbogen zur nachfolgenden Silizierung von Eisenblechen
in Vorbereitung

HEFT 298
Prof. Dr.-Ing. E. Oehler, Aachen
Untersuchung von kritischen Drehzahlen, die durch Kreiselmomente verursacht werden
1956, 50 Seiten, 35 Abb., DM 13,15

HEFT 299
Dr. J. Fassbender und W. Hoppe, Bonn
Eine photoelektrische Nachlaufeinrichtung für Analogie-Rechenmaschinen
1956, 20 Seiten, 8 Abb., DM 7,65

HEFT 300
Prof. Dr. E. Schütz und Privatdozent Dr. H. Caspers, Münster
Tierexperimentelle Untersuchungen über die Alkoholwirkungen auf Erregbarkeit und bioelektrische Spontanaktivität der Hirnrinde
1956, 44 Seiten, 6 Abb., 1 Tabelle, DM 9,55

HEFT 301
Prof. Dr. W. Weltzien, Dr. G. Cossmann und P. Diehl, Krefeld
Über die fraktionierte Füllung von Polyamiden (II)
1956, 54 Seiten, 1 Abb., 16 Tabellen, DM 11,30

HEFT 302
Prof. Dr.-Ing. W. Wegener und Dipl.-Ing. W. Zahn, Aachen
Untersuchungen von gesponnenen Garnen auf ihre Gleichmäßigkeit nach verschiedenen Meßmethoden
1957, 58 Seiten, 34 Abb., DM 15,20

HEFT 303
Prof. Dr. Ing. S. Kiesskalt, Aachen
Das Institut der Forschungsgesellschaft Verfahrenstechnik e. V. an der Technischen Hochschule Aachen
1956, 76 Seiten, 20 Abb., 3 Tabellen, DM 16,40

HEFT 304
Prof. Dr.-Ing. K. Krekeler, Düsseldorf, und Dipl.-Ing. A. Kleine-Albers, Aachen
Beitrag zur thermoelastischen Warmformbarkeit von Hart-PVC
1957, 72 Seiten, 29 Abb., DM 17,70

HEFT 305
Prof. Dr.-Ing. K. Krekeler, Düsseldorf, Dr.-Ing. H. Peukert, Aachen, und Dipl.-Ing. W. Schmitz, Siegburg
Heißgas-Schweißung von Hart-Polyvinylchlorid mit Zusatzwerkstoff
1956, 44 Seiten, 27 Abb., 5 Tabellen, DM 12,50

HEFT 306
Prof. Dr. B. Rensch, Münster
Elektrophysiologische Untersuchungen zur Analysierung der Bildung von Assoziationen und Gedächtnisspuren in Gehirn und Rückenmark
Prof. Dr. A. Loeser, Münster
Akute und chronische Giftwirkungen sauerstoffhaltiger Lösungsmittel
1956, 36 Seiten, 9 Abb., DM 8,90

HEFT 307
Privatdozent Dr. J. Juilfs, Krefeld
Vergleichende Untersuchungen zur elastischen und bleibenden Dehnung von Fasern
1956, 36 Seiten, 11 Abb., DM 8,30

HEFT 308
Privatdozent Dr. J. Juilfs, Krefeld
Zur Messung der Fadenglätte
1956, 22 Seiten, 10 Abb., 2 Tabellen, DM 8,—

HEFT 309
Prof. Dr. K. Cruse und Mitarbeiter, Clausthal-Zellerfeld
Aufbau und Arbeitsweise eines universell verwendbaren Hochfrequenz-Titrationsgerätes
1957, 58 Seiten, 29 Abb., DM 11,90

HEFT 310
Dr. P. F. Müller, Bonn
Die Integrieranlage des Rheinisch-Westfälischen Instituts für Instrumentelle Mathematik in Bonn
1956, 62 Seiten, 6 Abb., 30 Satzskizzen, DM 14,45

HEFT 311
Prof. Dr. F. Wever und Dr. M. Hempel, Düsseldorf
Dauerschwingfestigkeit von Stählen bei erhöhten Temperaturen
Teil I: Erkenntnisse aus bisherigen Dauerschwingversuchen in der Wärme
1956, 48 Seiten, 19 Abb., 2 Tabellen, DM 10,90

HEFT 312
Prof. Dr. F. Wever und Dr. M. Hempel, Düsseldorf
Dauerschwingfestigkeit von Stählen bei erhöhten Temperaturen
Teil II: Zug-Druck-Dauerschwingversuche an zwei warmfesten Stählen bei Temperaturen von 500 bis 650°
1956, 48 Seiten, 20 Abb., 3 Tabellen, DM 13,—

Springer Fachmedien Wiesbaden GmbH

HEFT 313
Prof. Dr. F. Wever, Dr. W. Koch und
Dipl.-Phys. H. Rohde, Düsseldorf
Änderungen des Habitus und der Gitterkonstanten des Zementits in Chromstählen bei verschiedenen Wärmebehandlungen
1956, 88 Seiten, 29 Abb., 8 Tabellen, DM 20,90

HEFT 314
Prof. Dr. F. Wever, Dr.-Ing. A. Krisch, Düsseldorf, und Dr.-Ing. H.-J. Wiester, Essen
Veränderungen im Gefügeaufbau von Chrom-Nickel-Molybdän-Stählen bei langzeitiger Beanspruchung im Zeitstandversuch bei 500°
1956, 48 Seiten, 26 Abb., 5 Tabellen, DM 11,70

HEFT 315
Prof. Dr. F. Wever und Dr.-Ing. A. Krisch, Düsseldorf
Metallkundliche Untersuchungen an Zeitstandproben
1956, 38 Seiten, 12 Abb., DM 9,15

HEFT 316
Dr. F. Keune, Aachen
Zusammenfassende Darstellung und Erweiterung des Aequivalenzsatzes für schallnahe Strömung
1956, 80 Seiten, 22 Abb., DM 17,90

HEFT 317
Dr.-Ing. J. Stelter, Aachen
Mikrobiologische Ultraschallwirkungen
1957, 106 Seiten, 41 Abb., 12 Tab., DM 23,90

HEFT 318
Dipl.-Ing. H. Kickert, Aachen
Über die Ausbreitung von Ultraschall in Luft
1957, 78 Seiten, 51 Abb., 7 Tab., DM 19,20

HEFT 319
Prof. Dr. C. Kröger, Aachen
Gemengereaktionen und Glasschmelze
1957, 118 Seiten, 53 Abb., 16 Tab., DM 26,—

HEFT 320
Dr. H.-E. Caspary, Köln
Verwendung von Szintillationszählern an Stelle von Zählrohren zur zerstörungsfreien Materialprüfung
1956, 42 Seiten, 13 Abb., 2 Tabellen, DM 10,10

HEFT 321
Prof. Dr. F. Wever, Düsseldorf, und Dr. W. Wepner, Köln
Gleichzeitige Bestimmung kleiner Kohlenstoff- und Stickstoffgehalte im α-Eisen durch Dämpfungsmessung
1956, 30 Seiten, 3 Abb., 4 Tabellen, DM 6,80

HEFT 322
Prof. Dr.-Ing. F. Bollenrath und Dipl.-Ing. W. Domke, Aachen
Eigenspannungen in vergüteten, dickwandigen Stahlzylindern nach Oberflächenhärtung mit induktiver Erwärmung
1956, 30 Seiten, 9 Abb., 2 Tabellen, DM 6,90

HEFT 323
Prof. Dr. R. Seyffert, Köln
Wege und Kosten der Distribution der Textilien, Schuh- und Lederwaren
1956, 98 Seiten, 37 Tabellen, 1 Falttaf., DM 12,—

HEFT 324
Prof. Dr.-Ing. H. Opitz, Dr.-Ing. E. Saljé und Dipl.-Ing. K. E. Schwartz, Aachen
Richtwerte für das Außenrund-Längs- und Einstechschleifen
1956, 62 Seiten, 44 Abb., 2 Tabellen, DM 13,85

HEFT 325
Prof. Dr. E. Schratz, Münster
Pharmakognostische Untersuchungen am Medizinal-Rhabarber
1957, 62 Seiten, 29 Abb., 3 Tabellen, DM 17,90

HEFT 326
Prof. Dr.-Ing. E. Essers und Mitarbeiter, Aachen
Deichselkräfte an Lastzügen
in Vorbereitung

HEFT 327
Prof. Dr.-Ing. habil. K. Krekeler und Dr.-Ing. H. Peukert, Aachen
Beitrag zur thermoelastischen Formbarkeit von Polyäthylen
1956, 56 Seiten, 49 Abb, 9 Tabellen, DM 12,80

HEFT 328
Dr. H. Maeder, Belo Horizonte
Schweißen von Temperguß
in Vorbereitung

HEFT 329
Dipl.-Ing. A. Krüger, Karlsruhe, und Feuerwehr-Ing. R. Radusch, Dortmund
Wasserzerstäubung im Strahlrohr
1956, 86 Seiten, 21 Abb., 3 Tabellen, DM 18,65

HEFT 330
Dipl.-Physiker E. Pepping, Aachen
Die Durchflußzahl des Rechteckschlitzes in einer sehr großen Wand
1957, 54 Seiten, 21 Abb., DM 12,35

HEFT 331
Dipl.-Ing. G. Bretschneider, Ruit
Die Messung der wiederkehrenden Spannung mit Hilfe des Netzmodelles
1957, 46 Seiten, 21 Abb., 2 Tab., DM 11,20

HEFT 332
Prof. Dr.-Ing. R. Jaeckel und Dr. G. Reich, Bonn
Messung von Dampfdrucken im Gebiet unter 10^{-2} Torr
1956, 42 Seiten, 16 Abb., 2 Tabellen, DM 10,40

HEFT 333
Prof. Dipl.-Ing. W. Sturtzel und Dr.-Ing. W. Graff, Duisburg
I. Der Flachwassereinfluß auf den Form- und Reibungswiderstand von Binnenschiffen
II. Der Flachwassereinfluß auf die Nachstrom- und Sogverhältnisse bei Binnenschiffen
1956, 44 Seiten, 14 Abb., DM 9,80

HEFT 334
Prof. Dr. W. Weizel und Dr. G. Meister, Bonn
Spektralanalyse durch Messung des Interferenz-Kontrastes
1956, 42 Seiten, DM 9,80

HEFT 335
Prof. Dr. W. Weizel und H. Hornberg, Bonn
Untersuchungen der anodischen Teile einer Glimmentladung
1957, 62 Seiten, 14 Farbabb., 21 Abb., 1 Tab., DM 32,80

HEFT 336
Dr. Tung-ping Yao, Aachen
Die Viskosität metallischer Schmelzen
1957, 64 Seiten, 28 Abb., 2 Tab., DM 14,40

HEFT 337
Dr. R. Hoeppener und Dr. W. Bierther, Bonn
Tektonik und Lagestätten im Rheinischen Schiefergebirge
1957, 66 Seiten, 14 Abb., DM 16,25

HEFT 338
Prof. Dr.-Ing. W. Wegener, Aachen, und Dipl.-Ing. J. Schneider, M.-Gladbach
Die Bedeutung der Knotenart für die Herabminderung der Fadenbrüche
1957, 40 Seiten, 6 Abb., DM 11,90

HEFT 339
Prof. Dr.-Ing. W. Wegener und Dipl.-Ing. W. Zahn, Aachen
Vergleich des normalen mit verschiedenen abgekürzten Baumwollspinnverfahren in bezug auf Gleichmäßigkeit und Sortierungsstreuung der Garne
1956, 56 Seiten, 17 Abb., 17 Tabellen, DM 12,70

HEFT 340
Dipl.-Ing. W. Rohs und Dipl.-Ing. R. Otto, Bielefeld
Das Naßspinnen von Bastfasergarnen mit Spinnbadzusätzen unter Ausnutzung einer zentralen Spinnwasserversorgungsanlage
1956, 56 Seiten, 2 Abb., 6 Tabellen, DM 11,60

HEFT 341
Prof. Dr.-Ing. H. Winterhager und Dipl.-Ing. L. Werner, Aachen
Präzisions-Meßverfahren zur Bestimmung des elektrischen Leitvermögens geschmolzener Salze
1956, 44 Seiten, 19 Abb., 1 Tabelle, DM 10,60

HEFT 342
Prof. Dr.-Ing. H. Winterhager und Dipl.-Ing. W. Barthel, Aachen
Die Gewinnung von Titanschlackenkonzentraten aus eisenreichen Ilmeniten
1957, 60 Seiten, 30 Abb., 6 Tab., DM 13,30

HEFT 343
Prof. Dr.-Ing. W. Petersen, Aachen, und Dipl.-Ing. S. Wawroschek, Aachen
Die zweckmäßigsten Gütebestimmungsverfahren und Brikettierungsbedingungen bei der Erzeugung von Braunkohlen-Eisenerz-Briketts
1956, 64 Seiten, 28 Abb., DM 13,95

HEFT 344
Prof. Dr.-Ing. W. Fucks, Aachen
Zur Deutung einfachster mathematischer Sprachcharakteristiken
1956, 38 Seiten, 12 Abb., DM 7,80

HEFT 345
Dipl.-Ing. G. Cerbe und Dipl.-Ing. H. Monstadt, Essen
Konvektive Trocknung mit gasbeheizter Luft und Trocknung durch Gasstrahler
1957, 46 Seiten, 16 Abb., DM 10,40

HEFT 346
Dipl.-Ing. O. Arnold, Aachen
Erfahrungen mit Kernbohrungen zur Lagerstättenuntersuchung im Erzbergbau
1957, 36 Seiten, 2 Abb., 3 Falttaf. 6 Tab., DM 8,80

HEFT 347
S. Ruff, F. Kipp, H. Hausteen und G. Müller, Bonn
Untersuchungen zur Frage der Gehörschädigungen des fliegenden Personals der Propellerflugzeuge
1957, 50 Seiten, 27 Abb., 3 Tab., DM 11,10

HEFT 348
Prof. Dr.-Ing. E. Piwowarsky und Dr.-Ing. E. G. Nickel, Aachen
Metallurgie eines hochwertigen Gußeisens mit kompakter bis kugelförmiger Graphitausbildung
1957, 54 Seiten, 27 Abb., 5 Tab., DM 13,30

HEFT 349
Dr.-Ing. W. A. Fischer, Dr.-Ing. H. Treppschuh und Dr.-Ing. K. H. Köthemann, Düsseldorf
Tiegel aus Schmelzmagnesia für Vakuuminduktionsöfen
1957, 34 Seiten, 14 Abb. DM 8,40

HEFT 350
Prof. Dr.-Ing. habil. K. Krekeler und Dr.-Ing. H. Peukert, Aachen
Das Spannungsverhalten der Kunststoffe bei der Verarbeitung
in Vorbereitung

HEFT 351
Prof. Dr.-Ing. H. Opitz, Dipl.-Ing. H. Axer und Dipl.-Ing. H. Rhode, Aachen
Zerspanbarkeit hochwarmfester und nichtrostender Stähle. Teil I
1957, 96 Seiten, 73 Abb., 2 Tab., DM 21,80

HEFT 352
Dipl.-Ing. H. Fauser, Aachen
Fahrdynamik und Batterie-Arbeitsverbrauch von Akkumulatorenlokomotiven im Untertagebetrieb
in Vorbereitung

HEFT 353
Forschungsinstitut für Rationalisierung, Aachen
Schlagwortregister zur Rationalisierung
1957, 376 S., DM

HEFT 354
Dipl.-Ing. D. Wagener, Aachen
Auswirkungen neuer Gaserzeugungs-Verfahren unter Berücksichtigung der Auswirkung auf den Kokereibetrieb
in Vorbereitung

HEFT 355
Prof. Dr.-Ing. habil. K. Krekeler, Dr.-Ing. H. Peukert und Dipl.-Ing. A. Kleine-Albers, Aachen
Heißgas-Schweißungen von Weich-Polyvinylchlorid mit Zusatzwerkstoff
in Vorbereitung

HEFT 356
Dipl.-Phys. G. Gurke, Aachen
Aufbau einer Meßanlage für Untersuchungen elektrischer Gasentladung im Bereiche großer p. d.-Werte
1956, 38 Seiten, 13 Abb., DM 8,65

HEFT 357
Prof. Dr.-Ing. W. Fucks, Aachen
Mathematische Analyse der Formalstruktur von Musik
in Vorbereitung

HEFT 358
Prof. Dr. rer. nat. W. Weltzien, Dipl.-Chem. P. Ringel und Text.-Ing. H. Kirchhoff, Krefeld
Die Waschechtheit von Färbungen. Vergleichende Untersuchungen auf dem Gebiete der Echtheitsprüfung
in Vorbereitung

HEFT 359
Dr.-Ing. F. J. Meister, Düsseldorf
Veränderung der Hörschärfe, Lautheitsempfindung und Sprachaufnahme während des Arbeitsprozesses bei Lärmarbeitern
1957, 84 Seiten, 11 Abb., 1 Tab., 40 Audiogramme, 40 Tab., DM 19,90

HEFT 360
Dr.-Ing. E. Barz, Remscheid
Fertigungsverfahren und Spannungsverlauf bei Kreissägeblättern für Holz
1957, 72 Seiten, 40 Abb., DM 17,—

HEFT 361
Dipl.-Ing. H. F. Klein, Aachen
Die nichtstationären Strömungsvorgänge und der Wärmeübergang in einem Schwingfeuergerät
1957, 84 Seiten, 34 Abb., 4 Falttafeln, DM 25,90

HEFT 362
Prof. Dr. med. G. Lehmann und Dipl.-Phys. D. Dieckmann, Dortmund
Die Wirkung mechanischer Schwingungen (0,5 bis 100 Hertz) auf den Menschen
1957, 100 Seiten, 53 Abb., 6 Tab., DM 22,50

Springer Fachmedien Wiesbaden GmbH

HEFT 363
Dr.-Ing. U. Domm, Frankenthal (Pfalz)
Über eine Hypothese, die den Mechanismus der Turbulenz-Entstehung betrifft
1956, 28 Seiten, 4 Abb., DM 6,45

HEFT 364
Prof. Dr. Th. Beste, Köln
Die Mehrkosten bei der Herstellung ungängiger Erzeugnisse im Vergleich zur Herstellung vereinheitlichter Erzeugnisse
1957, 352 Seiten, DM 50,—

HEFT 365
Sozialforschungsstelle an der Universität Münster, Dortmund
Standort und Wohnort
1957, Textband: 350 Seiten, 28 Karten, 73 Tab.
Anlageband: 15 Karten, 21 Tab., DM 99,—

HEFT 366
Versuchsanstalt für Binnenschiffbau e. V., Duisburg
Bei Flachwasserfahrten durch die Strömungsverteilung am Boden und an den Seiten stattfindende Beeinflussung des Reibungswiderstandes von Schiffen
1957, 96 Seiten, 39 Abb., 28 Tab., DM 20,40

HEFT 367
Dr. rer. nat. D. Horstmann, Düsseldorf
Der Angriff eisengesättigter Zinkschmelzen auf kohlenstoff-, schwefel- und phosphorhaltiges Eisen
1957, 52 Seiten, 22 Abb., 6 Tab., DM 12,85

HEFT 368
Prof. Dr. phil. H. Kaiser, Dortmund
Entwicklung betriebsmäßiger spektrochemischer Analysenverfahren für technische Gläser
1957, 40 Seiten, 11 Abb., DM 9,10

HEFT 369
Prof. Dr.-Ing. R. Jaeckel und Dipl.-Phys. F. J. Schittko, Bonn
Gasabgabe von Werkstoffen ins Vakuum
1957, 48 Seiten, 20 Abb., 6 Tab., DM 13,30

HEFT 370
Dr. phil. habil. F. Schwarz, Köln
Physikochemische Grundlagen der Bildsamkeit von Kalken unter Einbeziehung des Begriffes der aktiven Oberfläche
in Vorbereitung

HEFT 371
Dr. phil. W. Lejeune, Köln
Beitrag zur statistischen Verifikation der Minderheiten-Theorie
in Vorbereitung

HEFT 372
Prof. Dr. phil. M. von Stackelberg, Bonn
Untersuchungen zur Ausarbeitung und Verbesserung von polarographischen Analysenmethoden. 2. Bericht
1957, 44 Seiten, 9 Abb., 7 Tab., DM 10,10

HEFT 373
Dipl.-Ing. H. J. Koch, Essen
Druckgasfeuerung — ein Verfahren zum Betrieb von Gasfeuerstätten
1957, 38 Seiten, 8 Abb., 10 Tab., DM 8,50

HEFT 374
Dr. E. Paproth, Krefeld
Paläontologische Bearbeitung der in den devonischen Schichten des Siegerlandes enthaltenen Faunen
1957, 38 Seiten, 3 Tab., DM 8,30

HEFT 375
Technischer Überwachungsverein e. V., Essen
Wanddickenmessungen mittels radioaktiver Strahlen und Zählrohrgerät
in Vorbereitung

HEFT 376
Technischer Überwachungsverein e. V., Essen
Wasserumlaufprobleme an Hochdruckkesseln
in Vorbereitung

HEFT 377
Technischer Überwachungsverein e. V., Essen
Versuche an Wanderrostkesseln mit befeuchteter Verbrennungsluft
in Vorbereitung

HEFT 378
Oberingenieur H. Stein, M.-Gladbach
Beobachtung und maßtechnische Erfassung der Vorgänge im Spinn- und Aufwindefeld von Ringspinn- und Ringzwirnmaschinen
in Vorbereitung

HEFT 379
Laboratorium für textile Meßtechnik, M.-Gladbach
Schußfadenspannung beim Weben
in Vorbereitung

HEFT 380
Dipl.-Phys. R. Trappenberg, Karlsruhe
Theoretische und experimentelle Untersuchungen zur Staubverteilung einer Rauchfahne
in Vorbereitung

HEFT 381
Dr. J. Juilfs, Krefeld
Zur Dichtebestimmung von Fasern. Methoden und Beispiele der praktischen Anwendung
in Vorbereitung

HEFT 382
Dr. phil. habil. P. Hölemann, Ing. R. Hasselmann und Ing. G. Dix, Dortmund
Die Messung von Flammen und Detonationsgeschwindigkeiten bei der explosiven Zersetzung von Acetylen in Rohren
1957, 36 Seiten, 7 Abb., 4 Tab., DM 8,10

HEFT 383
Dr. phil. habil. P. Hölemann und Ing. R. Hasselmann, Dortmund
Verlauf von Azetylenexplosionen in Rohren bei Gegenwart von porösen Massen
in Vorbereitung

HEFT 384
Prof. Dr.-Ing. H. Opitz, Aachen
Schwingungsuntersuchungen an Werkzeugmaschinen
in Vorbereitung

HEFT 385
Prof. Dr.-Ing. H. Opitz, Aachen
Zerspanbarkeit hochwarmfester und nichtrostender Stähle. Teil II
in Vorbereitung

HEFT 386
Prof. Dr.-Ing. H. Opitz, Aachen
Standzeituntersuchungen und Verschleißmessungen mit radioaktiven Isotopen
in Vorbereitung

HEFT 387
Prof. Dr. med. W. Kikuth und Dozent Dr. med. L. Grün, Düsseldorf
Die Verhütung von Infektion durch Desinfektion des Raumes und der Raumluft
in Vorbereitung

HEFT 388
Prof. Dr. rer. nat. habil. W. Baumeister und Dr. rer. nat. H. Burghardt, Münster
Die Bedeutung der Elemente Zink und Fluor für das Pflanzenwachstum
1957, 48 Seiten, 17 Tab. DM 10,20

HEFT 389
Prof. Dr.-Ing. habil. H. Fink und K. W. Hoppenhaus, Köln
Die biologische Eiweiß-Synthese von höheren und niederen Pilzen und die alimentäre Lebernekrose der Ratte
1957, 76 Seiten, 2 Abb., 24 Tab., DM 15,60

HEFT 390
Dr.-Ing. J. Endres und Dr.-Ing. G. Hiebel, München
Berechnung der optimalen Leistungen, Kraftstoffverbräuche und Wirkungsgrade von Luftfahrt-Gasturbinen-Triebwerken am Boden und in der Höhe bei Fluggeschwindigkeiten von 0–2000 km/h und bei vorgegebenen Düsenausströmgeschwindigkeiten
in Vorbereitung

HEFT 391
Prof. Dr. phil. F. Wever, Dr. phil. W. Koch und Dipl.-Chem. F. Stricker, Düsseldorf
Die quantitative spektrographische Analyse von Gasgemischen aus Kohlenmonoxyd, Wasserstoff und Stickstoff
in Vorbereitung

HEFT 392
Prof. Dr. phil. F. Wever u. a., Düsseldorf
Untersuchungen über den Konverterrauch im Hinblick auf die spektrale Überwachung des Thomasprozesses
in Vorbereitung

HEFT 393
Dr.-Ing. O. Viertel und S. Brückner-Lucas, Krefeld
Arbeitszeitstudien an Haushaltwaschmaschinen
in Vorbereitung

HEFT 394
Privatdozent Dr. med. W. Koch, Münster
Die Ablagerung radioaktiver Substanzen im Knochen
in Vorbereitung

HEFT 395
Dipl.-Ing. L. Hahn, Clausthal-Zellerfeld
Untersuchungen zur Frage des optimalen Bohrloch- und Patronendurchmessers
in Vorbereitung

HEFT 396
Prof. Dr.-Ing. F. Schultz-Grunow, Dr.-Ing. A. Jogerich, Essen, Dipl.-Ing. H. Meyer, cand. ing. P. Sand, Aachen
Untersuchungen des Luftwiderstandes von Güterwagen
in Vorbereitung

HEFT 397
Techn.-Wissenschaftliches Büro für die Bastfaserindustrie, Bielefeld
Ungleichmäßigkeiten in Bändern von Bastfaserkarden, ihre Ursachen und Auswirkungen
1957, 60 Seiten, 18 Abb., 1 Tab., DM 14,80

HEFT 398
Prof. Dr. habil. H. E. Schwiete, Aachen, u. a.
Einlagerungsversuche an synthetischem Mullit I. — Die Zusammensetzung der Schmelzphase in Schamottesteinen I
in Vorbereitung

HEFT 399
Prof. Dr. habil. H. E. Schwiete und Dr.-Ing. R. Vinkeloe, Aachen
Möglichkeiten der quantitativen Mineralanalyse mit dem Zählrohrgerät unter besonderer Berücksichtigung der Mineralgehaltsbestimmung von Tonen
in Vorbereitung

HEFT 400
Prof. Dr. phil. W. Fuchs und Dipl.-Chem. H. Weyerstrass, Aachen
Entwicklung eines Heißfilters zur Reinigung von Gichtgas eines mit Kohle betriebenen Niederschachtofens
in Vorbereitung

HEFT 401
Prof. Dr.-Ing. M. Lipp und Dipl.-Chem. G. Frielingsdorf, Aachen
Darstellung reaktionsfähiger Verbindungen des Camphansystems und Versuche zu deren Fluorierung
1957, 84 Seiten, DM 17,—

HEFT 402
Prof. Dr. W. Linke, Aachen
Die Wärmeübertragung durch Thermopane-Fenster
in Vorbereitung

HEFT 403
Prof. Dr.-Ing. P. Denzel und Dipl.-Ing. W. Cremer, Aachen
Verbesserung der Benutzungsdauer der Höchstlast in ländlichen Netzen durch Anwendung elektrischer Geräte in der Landwirtschaft
in Vorbereitung

HEFT 404
Prof. Dr. R. Jaeckel und Dipl.-Phys. F. Gross, Bonn
Die Löslichkeit von Gasen in schwerflüchtigen organischen Flüssigkeiten
1957, 46 Seiten, 17 Abb., 1 Tab., DM 11,50

HEFT 405
Prof. Dr.-Ing. H. Opitz und Dipl.-Ing. H. Schuler, Aachen
Untersuchungen für einen Wirtschaftlichkeitsvergleich der Feinbearbeitungsverfahren
in Vorbereitung

HEFT 406
W. Kirsch, Remscheid
Entwicklungsarbeiten auf dem Gebiete des Korrosionsschutzes
1957, 86 Seiten, 28 Abb., 11 Tabellen, DM 19,—

HEFT 407
Prof. Dr.-Ing. H. Schenk, Aachen, und Dr.-Ing. W. Wenzel, Bad Godesberg
Entwicklungsarbeiten auf dem Gebiete der Verhüttung von Erzstaub in Schmelzkammern
1957, 82 Seiten, 9 Abb., 18 Tabellen, DM 17,10

HEFT 408
Prof. Dr. phil. F. Wever, Dr.-Ing. W. Lueg und Dr.-Ing. H. G. Müller, Düsseldorf
Kraft- und Arbeitsbedarf beim Warmscheren von Stahl in Abhängigkeit von Temperatur und Schnittgeschwindigkeit
in Vorbereitung

Springer Fachmedien Wiesbaden GmbH

HEFT 409
Prof. Dr. phil. F. Wever, Dr. phil. W. Koch, Dr. rer. nat. Ch. Ilschner-Gensch und Dipl.-Phys. H. Rohde, Düsseldorf
Das Auftreten eines kubischen Nitrids in aluminiumlegierten Stählen
1957, 38 Seiten, 12 Abb., 3 Tabellen, DM 10,10

HEFT 410
Prof. Dr. phil. F. Wever, Prof. Dr. rer. techn. A. Kochendörfer, Dr. phil. nat. M. Hempel, Düsseldorf und Dipl.-Phys. E. Hillenhagen, Köln
Biegewechselversuche mit Flachproben aus Alpha-Eisen-Einkristallen zur Bestimmung der Wechselfestigkeit und der Gleitspuren
in Vorbereitung

HEFT 411
Prof. Dr. W. Halbsguth und Dr. L. Sommer, Frankfurt/M.
Grundlegende Versuche zur Keimungsphysiologie von Pilzsporen
in Vorbereitung

HEFT 412
Prof. Dr.-Ing. H. Opitz, Aachen
Kennwerte und Leistungsbedarf für Werkzeugmaschinengetriebe
in Vorbereitung

HEFT 413
Prof. Dr.-Ing. H. Opitz, Aachen
Richtwerte für das Fräsen von unlegierten und legierten Baustählen mit Hartmetall, Teil II
in Vorbereitung

HEFT 414
Dr. med. H. K. Parchwitz und Dr. med. C. Winkler, Bonn
Speicherung organischer Farbstoffe und künstlich radioaktiver Substanzen in Geschwülsten
in Vorbereitung

HEFT 415
Prof. Dr.-Ing. W. Paul, Dr. rer. nat. O. Osberghaus und Dipl.-Phys. E. Fischer, Bonn
Ein Ionenkäfig
in Vorbereitung

HEFT 416
Oberreg.-Gewerberat Dipl.-Ing. G. Steinicke, Hamburg
Die Wirkung von Lärm auf den Schlaf des Menschen
1957, 46 Seiten, 14 Abb., 8 Tab., DM 11,60

HEFT 417
Prof. Dr.-Ing. habil. E. Rößger, Berlin
I. Teil: Die Entwicklung des Weltluftverkehrs, Ergänzungsbericht 1954
II. Teil: Die zivile Luftfahrtpolitik der USA
1957, 230 Seiten, 6 Abb., 83 Tab., DM 48,—

HEFT 418
O. Gdaniec, Mülheim/Ruhr
Über die Randlochkarte als Hilfsmittel in der Dokumentation
1957, 44 Seiten, 15 Abb., 8 Tab., DM 10,10

HEFT 419
K. Brooks
Die Messungen der Reflexionseigenschaften künstlicher und natürlicher Materialien mit quasi-optischen Methoden bei Mikrowellen
in Vorbereitung

HEFT 420
M. Vogel
Das Spektralgebiet zwischen dem langwelligen Ultrarot und Mikrowellen
1957, 66 Seiten, 2 Abb., DM 13,50

HEFT 421
ORR Dipl.-Volkswirt Dr. H. Rogmann, Düsseldorf
Die Erforschung der Verkehrskonjunktur und der langzeitigen Dynamik in der Verkehrswirtschaft (Zusammenfassung der eingegangenen Stellungnahmen und Vorschläge)
1957, 168 Seiten, 3 Tab., DM 26,60

HEFT 422
Prof. Dr.-Ing. K. Leist und Dipl.-Ing. W. Dettmering, Aachen
Prüfstände zur Messung der Druckverteilung an rotierenden Schaufeln
in Vorbereitung

HEFT 423
Prof. Dr.-Ing. K. Leist und Dr.-Ing. O. Thun, Aachen
Strömungsmessungen über Brennkammer-Wirkungsgrade
in Vorbereitung

HEFT 424
Prof. Dr.-Ing. K. Leist und Dipl.-Ing. I. Weber, Aachen
Spannungsoptische Untersuchungen von rotierenden Scheiben mit exzentrischen Bohrungen
in Vorbereitung

HEFT 425
Dipl.-Ing. H. Lübke, Hamburg
Gasturbinen und Strahlantriebe für Hubschrauber
in Vorbereitung

HEFT 426
Prof. Dr.-Ing. H. Opitz und Dipl.-Ing. W. Scholz, Aachen
Untersuchungen über den Räumvorgang
1957, 74 Seiten, 36 Abb., 7 Tab., DM 16,55

HEFT 427
Dr.-Ing. J. Endres, München
Kinematische Untersuchung eines Zweitakt-Hochleistungs-Dieseltriebwerks mit achsparallelen Zylindern und gegenläufigen Kolben
in Vorbereitung

HEFT 428
Dr.-Ing. J. Endres, München
Untersuchungen der Beschleunigungsverhältnisse eines Zweitakt-Hochleistungs-Dieseltriebwerks mit achsparallelen Zylindern und gegenläufigen Kolben
in Vorbereitung

HEFT 429
Prof. Dr. O. Kuhn, Köln
Selektive Wirkung verschiedener Stoffgruppen auf tierische Gewebe
1957, 54 Seiten, 32 Abb., DM 13,15

HEFT 430
Prof. Dr. G. Garbotz, Aachen und Dr.-Ing. G. Dress, Cádiz
Untersuchungen über das Kräftespiel an Flachbagger-Schneidwerkzeugen in Mittelsand und schwach bindigem, sandigem Schluff unter besonderer Berücksichtigung der Planierschilde und ebenen Schürfkübelschneiden
in Vorbereitung

HEFT 431
Prof. Dr.-Ing. H. Winterhager, Dr.-Ing. R. Kammel und Dipl.-Ing. W. Barthel, Aachen
Fortschritte auf dem Gebiet der Titanmetallurgie 1950—1955
in Vorbereitung

HEFT 432
Dipl.-Phys. R. Werz, Bonn
Die Entwicklung einer Synchrozyklotron-Ionenquelle
in Vorbereitung

HEFT 433
Dr.-Ing. G. Satlow, Aachen
Über einige physikalische und chemische Eigenschaften der Wolle von der gewaschenen Wolle bis zum Kammzug
1957, 72 Seiten, 15 Abb., 19 Tab., DM 15,25

HEFT 434
Dipl.-Ing. W. Rohs und Dr. J. Geurten, Bielefeld
Schlichten für Baumwollgarne
in Vorbereitung

HEFT 435
Dipl.-Ing. W. Rohs und Dipl.-Ing. L. Steinmetz, Bielefeld
Die Masseungleichmäßigkeit von Flachstreckenbändern in Abhängigkeit von Verzug und Dopplung
in Vorbereitung

HEFT 436
Priv.-Doz. Dr. habil. J. Juilfs, Krefeld
Zur Bestimmung der Reißlast (Zugfestigkeit) von Fasern, Fäden und Garnen
in Vorbereitung

HEFT 437
Prof. Dr. G. Schmölders und Dr. I. Meyer, Köln
Geldwertbewußtsein und Münzpolitik. — Das sogenannte Gresham'sche Gesetz im Lichte der ökonomischen Verhaltensforschung
1957, 92 Seiten, DM 20,30

HEFT 438
Prof. Dr.-Ing. H. Winterhager und Dr.-Ing. L. Werner, Aachen
Bestimmung des elektrischen Leitvermögens geschmolzener Fluoride
1957, 52 Seiten, 18 Abb., 10 Tab., DM 11,90

HEFT 439
Prof. Dr. phil. H. Lange, Köln und Dr. rer. nat. R. Kohlhaas, Neuß/Rh.
Anwendung der thermomagnetischen Analyse zum Studium des Umwandlungsverhaltens von Eisenwerkstoffen im Temperaturbereich von —150°C bis +150°C
in Vorbereitung

HEFT 440
Dr.-Ing. H. Wolf, Aachen
Gekoppelte Hochfrequenzleitungen als Richtkoppler
in Vorbereitung

HEFT 441
Dr. phil. habil. P. Hölemann und Ing. R. Hasselmann, Düsseldorf
Messung des Temperatur- und Druckverlaufes beim Füllen und Entspannen von Dissousgas
1957, 52 Seiten, 6 Abb., 7 Tab., DM 11,25

HEFT 442
Dipl.-Ing. W. Rohs, Text.-Ing. Griese und Text.-Ing. W. Lauer, Bielefeld
Die Auswirkungen der Trocknungsart naßgesponnener Leinengarne auf deren Verarbeitungswirkungsgrad sowie auf die Festigkeits- und Dehnungseigenschaften der Garne und Gewebe
1957, 28 Seiten, 2 Abb., 3 Tab., DM 6,50

HEFT 443
Prof. Dr. phil. W. Weizel und K. Kluth, Bonn
Über die Struktur der positiven Gleitentladungen
in Vorbereitung

HEFT 444
Dr.-Ing. W. Wilhelm, Aachen
Einfluß der Saugrohrabmessung, der Einlaßsteuerlage und der Größe des Kurbelkastenvolumens auf den Ladungswechsel eines Einzylinder-Zweitakt-Dieselmotors
in Vorbereitung

HEFT 445
Dr.-Ing. E. Barz, Remscheid
Fertigungs- und Prüfverfahren für Feilen
vergriffen

HEFT 446
Dr. med. G. Schäfer
Glutationsstoffwechsel und Sauerstoffmangel
1957, 28 Seiten, 5 Tab., DM 6,40

HEFT 447
Prof. Dr.-Ing. F. Bollenrath, Aachen, Dr.-Ing. H. Füllenbach, Seesen/Harz und Dipl.-Ing. J. Schumacher, Neubeckum/Westf.
Entwicklung rationell arbeitender Spritzkabinen
in Vorbereitung

HEFT 448
Dr. med. C. Winkler, Bonn
Ein Koinzidenz-Szintillometer zum Zwecke der Schilddrüsenfunktionsdiagnostik und der Tumordiagnostik
in Vorbereitung

HEFT 449
Priv.-Doz. Oberbaurat Dr.-Ing. W. Meyer zur Capellen und Mitarbeiter, Aachen
Bewegungsverhältnisse an der geschränkten Schubkurbel
in Vorbereitung

HEFT 450
Prof. Dr.-Ing. W. Paul, Bonn und Dipl.-Phys. H. P. Reinhard, M.-Gladbach
Das elektrische Massenfilter als Isotopentrenner
in Vorbereitung

HEFT 451
Prof. Dr. G. Schmölders, Köln
Rationalisierung und Steuersystem
in Vorbereitung

HEFT 452
Prof. Dr. rer. nat. W. Weltzien und Dr. phil. K. Windeck, Krefeld
Veränderungen an Fasern bei der Bleiche mit Natriumchlorid und über einige Vergilbungserscheinungen
in Vorbereitung

HEFT 453
Forschungsinstitut der Feuerfest-Industrie, Bonn
Die Arbeiten der technisch-wissenschaftlichen Kommission der PRE (Vereinigung der europäischen Feuerfest-Industrie)
in Vorbereitung

HEFT 454
Dr.-Ing. W. Piepenburg, Dipl.-Ing. B. Bühling und Bauing. J. Behnke, Köln
Haftfestigkeit der Putzmörtel
in Vorbereitung

Springer Fachmedien Wiesbaden GmbH

HEFT 455
Dr.-Ing. W. A. Fischer, Dr.-Ing. H. Treppschuh und Dipl.-Phys. K. H. Köthemann, Düsseldorf
Erschmelzung von Reinsteisen nach dem Kohlenstoffproduktionsverfahren und Kerbschlagzähigkeit-Temperatur-Kurven dieses Eisens
in Vorbereitung

HEFT 456
Priv.-Doz. Dir. Dr.-Ing. K. Bungardt, Essen
Zeitstandversuche an austenitischen Stählen und Legierungen
in Vorbereitung

HEFT 457
Prof. Dr. phil. F. Wever, Düsseldorf und Dr. phil. W. Wepner, Köln
Dämpfungsmessungen an schwach gereckten Eisen-Kohlenstoff-Legierungen
1957, 34 Seiten, 7 Abb., 3 Tab., DM 8,40

HEFT 458
Prof. Dr.-Ing. H. Schenck und Dr.-Ing. E. Schmidtmann, Aachen
Das Frischen von Thomas-Roheisen mit Sauerstoff-Wasserdampf-Gemischen und die Eigenschaften der damit erblasenen Stähle
in Vorbereitung

HEFT 459
Prof. Dr. phil. F. Wever, Dr. phil. O. Krisement und Hanna Schädler, Düsseldorf
Ein isothermes Mikrokalorimeter zur kinetischen Messung von Umwandlungs- und Ausscheidungsvorgängen in Legierungen
in Vorbereitung

HEFT 460
Prof. Dr. phil. F. Wever und Dr. rer. nat. B. Ilschner, Düsseldorf
Ein isothermes Lösungskalorimeter zur Bestimmung thermo-dynamischer Zustandsgrößen von Legierungen
in Vorbereitung

HEFT 461
Prof. Dr.-Ing. habil. E. Piwowarski †, Prof. Dr.-Ing. W. Patterson und Dipl.-Ing. F. W. Iske, Aachen
Verbesserung der Zähigkeitseigenschaften von Bessemer-Stahlguß
in Vorbereitung

HEFT 462
Prof. Dr. rer. nat. J. Weissinger
Zur Aerodynamik des Ringflügels — II. Die Ruderwirkung
Zur Aerodynamik des Ringflügels — III. Der Einfluß der Profildicken
in Vorbereitung

HEFT 463
Dipl.-Ing. G. Plüss, Essen-Steele
Die Aufteilung der verbrennlichen Bestandteile in Verbrennungsgasen auf CO und H_2 bei Verbrennung mit Luftunterschuß und bei Luftüberschuß und künstlicher Flammenkühlung
in Vorbereitung

HEFT 464
Dr. phil. habil. P. Hölemann und Ing. R. Hasselmann, Dortmund
Die Möglichkeit der Zündung von Acetylen in Rohrleitungen beim Ausbleiben mit Stickstoff
in Vorbereitung

HEFT 465
Dr.-Ing. R. Koch, Köln
Amerikanische Fertigungsunterlagen und ihre Werkstattreifmachung für deutsche Betriebe
in Vorbereitung

HEFT 466
Prof. Dr.-Ing. J. Mathieu, Aachen
Überbetrieblicher Verfahrensvergleich
in Vorbereitung

HEFT 467
Prof. Dr. Dr. h. c. E. Klenk und Dr. phil. H. Faillard, Köln
Neue Erkenntnisse über den Mechanismus der Zellinfektion durch Influenzavirus
Die Bedeutung der Neuraminsäure als Zellreceptor für das Influenzavirus
in Vorbereitung

HEFT 468
Prof. Dr. med. Dr. med. dent. G. Korkhaus und Dr. med. R. Alfter, Bonn
Die Vakuumwurzelbehandlung
in Vorbereitung

HEFT 469
Dr. sc. agr. F. Riemann und Dipl.-Volksw. R. Hengstenberg, Göttingen
Zur Industrialisierung kleinbäuerlicher Räume
1957, 130 Seiten, 5 Karten, 23 Tab., DM 27,—

HEFT 470
O. Wehrmann
Hitzdrahtmessungen in einer aufgespaltenen Kármánschen Wirbelstraße
1957, 42 Seiten, 14 Abb., 4 Tab., DM 10,90

HEFT 471
Prof. Dr. phil. habil. A. Naumann, Dr.-Ing. A. Heyser und Dr. phil. Dipl.-Ing. W. Trommsdorf, Aachen
Der Überdruck-Windkanal in Aachen
in Vorbereitung

HEFT 472
Dipl.-Ing. A. Freitag, Essen-Steele
Verhalten von Katalytstrahlern bei Betrieb mit Luftvormischung zum Gas und der Verbrennung von Luft gegen eine Gasatmosphäre
in Vorbereitung

HEFT 473
Prof. Dr. phil. F. Wever, Dr.-Ing. W. Lueg und Dipl.-Ing. P. Funke jr. Düsseldorf
Versuche an einer hydraulischen 25 t-Stangenziehbank
in Vorbereitung

HEFT 474
Dr.-Ing. R. Ibing und Dipl.-Ing. G. Meier, Hannover
Eichung und Entwicklung von Staubentnahmesonden
in Vorbereitung

HEFT 475
Prof. Dipl.-Ing. W. Sturtzel, Obering. Helm und Dipl.-Ing. Heuser, Duisburg
Systematische Ruderversuche mit einem Schleppkahn und einem Binnenselbstfahrer vom Typ „Gustav Koenigs"
in Vorbereitung

HEFT 476
Prof. Dipl.-Ing. W. Sturtzel und Dipl.-Ing. Schmidt-Stiebitz, Duisburg
Einfluß der Hinterschiffsform auf das Manövrieren von Schiffen auf flachem Wasser
in Vorbereitung

HEFT 477
Dr. K. Utermann, Dortmund
Freizeitprobleme bei der männlichen Jugend einer Zechengemeinde
in Vorbereitung

HEFT 478
Prof. Dr.-Ing. habil. W. Petersen und Dr.-Ing. S. Wawroschek, Aachen
Brikettierungsversuche zur Erzeugung von Möllerbriketts unter Verwendung von Braunkohle
in Vorbereitung

HEFT 479
Prof. Dr.-Ing. W. Wegener, Aachen und Dipl.-Ing. H. Fourné, Bochum
Ursachen des Überschreitens der Toleranzgrenze nach oben oder unten (Meter pro Gramm) an der Strecke
in Vorbereitung

HEFT 480
Dr. phil. K. Brücker-Steinkuhl, Düsseldorf
Anwendung mathematisch-statistischer Verfahren bei der Fabrikationsüberwachung
in Vorbereitung

HEFT 481
Oberbaurat Dr.-Ing. W. Meyer zur Capellen, Aachen
Fünf- und sechspunktige Geradführung in Sonderlagen des ebenen Gelenkvierecks
in Vorbereitung

HEFT 482
Dipl.-Ing. R. Pels-Leusden und Dr. K. Bergmann, Essen
Die Frostbeständigkeit von Ziegeln; Einflüsse der Materialzusammensetzung und des Brandes
in Vorbereitung

HEFT 483
Prof. Dr.-Ing. habil. F. A. F. Schmidt, Aachen
Gemischbildungs-, Selbstzündungs- und Verbrennungsvorgänge als Grundlage für Entwicklungsarbeiten an Gasturbinenbrennkammern
in Vorbereitung

HEFT 484
Prof. Dr. habil H. E. Schwiete und Dr. G. Schwiete, Aachen
Beitrag zur Struktur des Montmorillonit
in Vorbereitung

HEFT 485
Prof. Dr. phil. E. Jenckel, Aachen, Dr. H. Wilsing, Dormagen, Dr. H. Dörffurt, Wesseling/Bez. Köln und Dipl.-Phys. H. Rinkens, Eschweiler
Kristallisation und Hochpolymeren
in Vorbereitung

HEFT 486
Doz. Dr. med. E. Lerche und Dr. med. J. Schulze, Aachen
Hörermüdung und Adaptation im Tierexperiment
in Vorbereitung

HEFT 487
Prof. Dipl.-Ing. W. Blume, Duisburg
Festigkeitseigenschaften kombinierter Leichtbaustoffe im Hinblick auf die Verkehrstechnik, insbesondere des Flugzeugbaus
in Vorbereitung

HEFT 488
Prof. Dr. habil. H. E. Schwiete und Dipl.-Chem. H. Westmark
Beitrag zur Kennzeichnung der Texturen von Schamottesteinen
in Vorbereitung

HEFT 489
Dipl.-Math. K. H. Müller
Strenge Lösungen der Navier-Stokes-Gleichung für rotationssymmetrische Strömungen
in Vorbereitung

HEFT 490
Hauptstelle für Staub- und Silikosebekämpfung des Steinkohlenbergbauvereins, Essen-Rüttenscheid
Zur Staub- und Silikosebekämpfung im Steinkohlenbergbau
in Vorbereitung

HEFT 491
Prof. Dr. Fr. Lotze und K. Kötter, Münster
Chloridgehalte des oberen Emsgebietes und ihre Beziehungen zur Hydrogeologie
in Vorbereitung

HEFT 492
Prof.-Dr. phil. J. Meixner und B. Manz, Aachen
Zur Theorie der irreversiblen Prozesse in α-Eisen
in Vorbereitung

HEFT 493
Prof. Dr. phil. habil. A. Naumann und Dipl.-Ing. H. Pfeiffer, Aachen
Versuche an Wirbelstraßen hinter Zylindern bei hohen Geschwindigkeiten
in Vorbereitung

HEFT 494
Dipl.-Ing. W. Robs und Text.-Ing. Griese, Bielefeld
Entwicklung und Erprobung eines verbesserten elektrischen Kettfadenwächtergeschirrs für die Leinen- und Halbleinenweberei
in Vorbereitung

HEFT 495
Prof. Dr. phil. E. Asmus und Dr. rer. nat. H.-F. Kurandt, Berlin
Einige analytische Anwendungen der Zincke-Königschen Reaktion
in Vorbereitung

HEFT 496
Dipl.-Chem. P. Vogel, Krefeld
Färberische Eigenschaften von zur Herstellung von Verdickungen in der Stoffdruckerei bestimmten Sorten
in Vorbereitung

HEFT 497
Oberarzt Dr. med. G. Mußgnug, Bottrop
Die Knochenveränderungen und der Knochenstoffwechsel beim Sudeck-Syndrom
in Vorbereitung

HEFT 498
Prof. Dr.-Ing. H. Zahn und Dr. rer. nat. W. Gerstner, Aachen
Herstellung säurefester technischer Gewebe
in Vorbereitung

HEFT 499
Priv.-Doz. Dr. J. Juilfs, Krefeld
Die Bestimmung des Wasserrückhaltevermögens (bzw. des Quellwertes) von Fasern
in Vorbereitung

Springer Fachmedien Wiesbaden GmbH

HEFT 500
Priv.-Doz. Dr. J. Juilfs, Krefeld
Vergleichende Untersuchungen am Schopper-Scheuerprüfgerät
in Vorbereitung

HEFT 501
Dipl.-Ing. W. Rohs und Dr. J. Geurten, Bielefeld
Untersuchungen in der Leinengarnbleiche
in Vorbereitung

HEFT 502
Prof. Dr. M. Diem und Dr. R. Trappenberg, Karlsruhe
Berechnung der Ausbreitung von Staub und Gas
1957, 30 Seiten, Anhang 67 Diagramme, DM 37,30

HEFT 503
Prof. Dr. W. Weizel und Dr. rer. nat. J. Faßbender, Bonn
Untersuchungen über die Eigenschaften von Cadmiumsulfid-Sandwich-Zellen
in Vorbereitung

HEFT 504
Prof. Dr. phil. F. Wever, Dr. phil. W. Wink und Dr. rer. nat. W. Jellinghaus, Düsseldorf
Versuchsanordnung zur Messung der Suszeptibilität paramagnetischer Stoffe und Meßergebnisse an Nickel-Chrom- und Kobalt-Nickel-Chrom-Werkstoffen
in Vorbereitung

HEFT 505
Prof. Dr.-Ing. F. A. F. Schmidt und Dipl.-Ing. H. Heitland, Aachen
Einfluß des Selbstzündungsverhaltens der Kraftstoffe auf den Verbrennungsablauf, Wirkungsgrad und Druckverlust von Hochleistungsbrennkammern
in Vorbereitung

HEFT 506
Prof. Dr.-Ing. W. Meyer zur Capellen, Aachen
Der Flächeninhalt von Koppelkurven. — Ein Beitrag zu ihrem Formenwandel
in Vorbereitung

HEFT 507
Prof. Dr. H. Kaiser, Dr. G. Bergmann und Dr. G. Gresze, Dortmund
Kartei zur Dokumentation in der Molekülspektroskopie
in Vorbereitung

HEFT 508
Dr. H. Schmidt-Ries, Krefeld
Limnologische Untersuchungen des Rheinstromes I (Hydrobiologische und physiographische Untersuchungen
in Vorbereitung

HEFT 509
Dr. Schmidt-Ries, Krefeld
Limnologische Untersuchungen des Rheinstromes I (Tabellenwerk)
in Vorbereitung

HEFT 510
Prof. Dr. rer. nat. W. Groth und Dr.-Ing. K. Bayerle, Bonn
Anreicherung der Uranisotope nach dem Gaszentrifugenverfahren
in Vorbereitung

HEFT 511
H. Wahl, G. Kantenwein und W. Schäfer, Essen
Gesteinsbohr-Modellversuche zur Frage des Drehbohrens, Schlagbohrens und Drehschlagbohrens
in Vorbereitung

HEFT 512
Prof. Dr. H. Strassl, Bonn
Azimut-Monogramme für alle Stundenwinkel und Deklinationen im Bereich der geographischen Breiten von $-80°$ bis $+80°$
in Vorbereitung

HEFT 513
Prof. Dr. W. Schmitz und Dr. rer. F. Schmitt, Mülheim/Ruhr
Die Verwendung des Magnetbandgerätes zur Speicherung des Kurvenverlaufs elektrischer Ströme
in Vorbereitung

HEFT 514
Dr. rer. nat. M.-E. Meffert, Essen
Die Kultur von Scenedesmus obliquus in Abwasser
in Vorbereitung

HEFT 515
Prof. Dr. habil. H. E. Schwiete und Dr.-Ing. Chr. Hummel, Aachen
Thermochemische Untersuchungen im System SiO_2 und Na_2O-SiO_2
in Vorbereitung

HEFT 516
Prof. Dr.-Ing. H. Müller, Dipl.-Ing. F. Reinke und Dipl.-Ing. W. Sorgenicht, Essen
Gesamtstrahlungsmessungen der Temperaturstrahlung
in Vorbereitung

HEFT 517
Prof. Dr. med. G. Lehmann und Dr. med. J. Meyer-Delius, Dortmund
Gefäßreaktionen der Körperperipherie bei Schalleinwirkung
in Vorbereitung

HEFT 518
Dr.-Ing. H. Scheffler, Dortmund
Funktionelle Zusammenhänge der dynamischen Einflußgrößen beim handgeführten Druckluft-Abbauhammer und ihre Berücksichtigung für die Konstruktion rückstoßarmer Hämmer
in Vorbereitung

HEFT 519
Prof. Dr. phil. F. Wever, Dr. phil. W. Koch und Dr. phil. S. Eckhard, Düsseldorf
Die spektrographische Bestimmung der Spurenelemente in Stahl ohne vorherige Abbrennung
in Vorbereitung

HEFT 520
Prof. Dr.-Ing. H. Opitz, Dipl.-Ing. H. Obrig und Dipl.-Ing. P. Kips, Aachen
Untersuchung neuartiger elektrischer Bearbeitungsverfahren
in Vorbereitung

HEFT 521
Prof. Dr.-Ing. H. Opitz und Dipl.-Ing. K. E. Schwartz, Aachen
Das Abrichten von Schleifscheiben mit Diamanten
in Vorbereitung

HEFT 522
J. Lorentz und K. Brocks
Elektrische Meßverfahren in der Geodäsie
in Vorbereitung

HEFT 523
K. Eberts
Entwicklungen einiger Meßverfahren und einer Frequenz- und amplitudenstabilisierten Meßeinrichtung zur gleichzeitigen Bestimmung der komplexen Dielektrizitäts- und Permeabilitätskonstante von festen und flüssigen Materialien im rechteckigen Hohlleiter und im freien Raum bei Frequenzen von 9200 und 33000 MHz
in Vorbereitung

HEFT 524
Dr. rer. nat. S. Lockau, Emlichheim
Versuche zur Gewinnung von Kartoffeleiweiß
in Vorbereitung

HEFT 525
Prof. Dr. Dr. h.c. H. P. Kaufmann und Dr. F. Weghorst, Münster
Beiträge zur Chemie und Technologie der Fetthärtung I

HEFT 526
Dr. phil. habil. P. Hölemann und Ing. R. Hasselmann, Dortmund
Einfluß der Oberflächenbeschaffenheit der Wandung auf den Ablauf von Azetylenexplosionen
in Vorbereitung

HEFT 527
Dr. rer. nat. K. G. Müller, Hanau/W.
Wärmeübertragung auf eine Flugstaubströmung im senkrechten Rohr sowie auf eine durchströmte Schüttgutschicht
in Vorbereitung

HEFT 528
Dr. P. Ney und Dr. F. Schwarz, Köln
Physikochemische Grundlagen der Bildsamkeit von Kalken unter Einbeziehung des Begriffs der aktiven Oberfläche
Kristallchemische Betrachtung der Bildsamkeit
in Vorbereitung

HEFT 529
Dr. phil. G. Riedel, Dortmund
Messung und Regelung des Klimazustandes durch eine die Erträglichkeit für den Menschen anzeigende Klimasonde
in Vorbereitung

HEFT 530
Prof. Dr. med. O. Graf, Dortmund
Nervöse Belastung im Betrieb — 1. Teil: Nachtarbeit und nervöse Belastung
in Vorbereitung

HEFT 531
Prof. Dr.-Ing. habil. K. Krekeler, Dipl.-Ing. H. Verhoeven und Dipl.-Ing. H. Ernenputsch, Aachen
Autogenes Entspannen bei niedrigen Temperaturen
in Vorbereitung

HEFT 532
Prof. Dr.-Ing. habil. K. Krekeler, Dipl.-Ing. H. Verhoeven und Dipl.-Ing. W. Krieweth, Aachen
Schutzgasschweißen mit kontinuierlich abschmelzender Elektrode von niedriglegierten Kohlenstoffstählen (Sigma-Schweißen)
in Vorbereitung

Springer Fachmedien Wiesbaden GmbH

If you have any concerns about our products,
you can contact us on
ProductSafety@springernature.com

In case Publisher is established outside the EU,
the EU authorized representative is:
**Springer Nature Customer Service Center GmbH
Europaplatz 3, 69115 Heidelberg, Germany**

Printed by Libri Plureos GmbH
in Hamburg, Germany